文案變現

變現

4個黃金步驟，立刻寫出讓人忍不住掏錢包的超有效文案！

葉小魚 —— 著 ▼

來自行家的推薦

很多人都在忙著學各種文案技巧，卻往往忽略了文案的底層邏輯，其實文案就像溝通，這本書帶著你從「說什麼」、「對誰說」、「在哪說」、「怎麼說」一步步找到文案寫作的方向。

——【《誠品副作用》文案達人】李欣頻

相信我，文案寫作能力是可以被訓練出來的，就像小說寫作也有大量技巧和方法一樣，廣告文案的寫作也有規則。與其自己花幾年時間摸索，不如花幾天時間去學習前輩高手們總結的經驗，然後進行大量的練習和實踐，這是最快的進步方法。如果你是個文案新手，它能幫你一開始就進入正確的道路，如果你已經有幾年經驗，它能幫你有更好的思路去寫作文案。

——【羅輯思維商業策畫】小馬宋

經營要長效，文案要有效。有效的文案就是能變現的文案。很多文案糾結於咬文嚼字說漂亮話，能博人眼球卻不能產生轉化。這本書卻實實在在地講變現，書裡的說服邏輯自然而然，讓用戶在不知不覺中被影響，馬上下單購買。這種文案能力將是網路時代不可替代的能力。

——【長效經營第一人】楊善平

小魚的這本文案書，內容扎實，講解細緻，表達輕盈，不僅文案工作者，只要是對文案感興趣的人士都可以讀一讀。

——【心理學家】采銅

很多文案看起來妙卻沒效果，究其原因是忽略文案目標。小魚的這本《文案變現》以目標為導向，帶你寫出銷售力。

——【起點學院創始人】曹成明

正如有樂譜才能演奏出美妙的音樂一樣，寫文案也是如此，心中一定要有一個完整的文案框架，這樣才能寫出有效的文案。

——【行銷文案專家】關健明

行銷能夠很科學，文案也是。相信小魚書中的方法會讓你寫文案更科學。

——【新媒體百萬粉絲大神】徐悅佳

在我認識小魚這麼多年來，她一共只做了三件事：第一、琢磨怎麼把文案寫好；第二、把文案寫好；第三、帶著別人一起把文案寫好。

——【陌生關係破冰第一人】小荻老師

目錄 CONTENTS

第一章

文案防偽指南

第二章

一個工具找對要說的點

第五章

長文案軟廣告如何寫

第六章

靈活運用工具方法解決問題

好文案是聊出來的」討論組成員介紹——

小魚

你好，我是這本書的作者同時也是文案訓練營的寫作教練，他們都說我是苦口婆心的頭頭，有點囉嗦，偶爾也有點小自戀。

原廣告銷售員，但因為想多學點技能，參加了文案訓練營，並且通過文案寫作賺了點零花錢。現在在某電商平臺做文案策劃。

海豔

無邪

原採購助理，目前正在為服裝公司寫文案。

書法行業小編，通過學習文案，畢業半年就拿到了主編的薪水，屬「人來瘋」。

小國寶

市場部經理，負責各大廣告投放。與我本人的名字一樣比較安靜，但善於思考。

靜默

大學剛畢業，目前在某外商做新媒體營運。經常刷微信不自覺就順手買了各種東西。

BringBring

地產公司文案，後期跟隨小魚老師做助教，能把一節課聽5遍，還有點喜歡刷存在感。

靜靜

原IT公司項目經理，現為創業者，經常自己捲起袖子寫文案。

飛飛

小魚助教，文靜不擅言辭，經常在關鍵時刻指出大家的問題點，擅長做筆記。

鯨魚

自序

....

為什麼你學了那麼多文案技巧，還是寫不好文案？

翻開這本書的你或多或少與文案都有點關係，也許你剛畢業不久，從事一份與文案相關的工作，也許你是新媒體小編、電商文案、產品營運、產品經理……在與文案打交道的過程中，你肯定遇到過這些情況：

（1）**沒靈感**：拿到任務毫無頭緒，半天擠不出一個字。

（2）**總是改**：自己很用心寫的文案，結果被老闆要求改了十幾遍。

（3）**沒思路**：學了很多技巧，真正寫作的時候還是難以下筆。

（4）**沒效果**：明明感覺不錯的文案，銷售數據卻給了你一記響亮的耳光。

（5）**沒效率**：花了很長時間寫文案，大神卻只需3分鐘就能搞定。

這些問題在我剛開始寫文案的時候全都遇見過，後來，在文案訓練營當寫作教練時，我發現這也是大家的通病。可能你會覺得寫文案需要靈感，沒有靈感一切都等於0，我不否認靈感的重要性，但如果所有文案創作者都要依靠靈感來寫作，那你可能一年下來毫無進展，甚至，很可能在剛剛參加工作時就會被老闆開除。10年前的我差點就被開除，幸好有不少人給我指點：

你要用心感受生活，知道嗎？只有這樣你才能寫出好文案。

你要多讀書，各種類型的書都要讀，這樣你才能寫出好文案。

　　這些話當然是真理，但我發現真理並不能馬上幫我解決手上的文案任務。我寫的文案，一樣存在以上各種問題。**我常想，有沒有方法，至少可以讓我一拿到任務就懂得如何思考呢？**就好像數學裡的公式一樣，我用這個公式可以去解決與文案相關的所有問題。很幸運的是我遇到了騰老師，他從基本的行銷理論（4A廣告公司內部培訓資料）開始手把手教我，並且輔導我做了一個方案，這個方案讓我當時的老闆和客戶都很滿意，也讓我慢慢總結出了一個文案的創作思路和框架，後來我在公司創作的文案很少有被大改的情況，我也慢慢不會存在拿到任務之後毫無頭緒的情況，專業度也逐漸被認可，甚至還經常被同事們介紹額外的業務，讓我在業餘時間賺了不少，甚至到後來，一份文案的報酬達到了10萬元，這可是當時我一年多的薪水。

　　也許你會好奇，這到底是一個怎樣的思路和框架？真的有這麼神奇嗎？我要告訴你的是一個很簡單的思路：「**說什麼——對誰說——在哪說——怎麼說**」。通俗地講，就是把用戶當作聊天對象，我們把這四項說清楚，就會讓聊天更有成效。

　　我們先看這個框架的構成：

說什麼：找到文案創作目標

　　那些不停修改的文案，往往是文案創作者在寫作前未經任何思考，直接進行創作的結果，我之前也經常出現這樣的問題。如果文案不能為目標服務，那就不是一個好文案。

　　所以，我們需要明白：文案要達到的目標是什麼？是讓用戶知道我們甚至喜歡我們？還是看完文案讓用戶直接購買我們的商品？

要達成這樣的目標，我們需要讓用戶知道什麼訊息？感受到什麼？

這些思考都會讓後期文案創作方向更清晰，但大部分文案新人卻常常忽略這個關鍵步驟。我在工作中也嘗試了不少方法，希望能給文案新人一個能直接上手的工具，我後來在《高效演講》一書中接觸到目標工具後，開始加以運用，並且在實際操作中持續改善，發現效果還不錯，大部分文案新人掌握這個工具後，即使後期文案創作不出彩，也不會出現大改的現象。至少60分文案有了。在這本書中，我會專門教你這個工具，只要勤加練習，你在創作文案時就不會再摸不著頭腦。

對誰說：找到文案溝通對象

品牌在對誰說話，「聊天對象」（也就是「目標族群」）都有哪些特徵？他們和品牌是什麼關係？把這些問題弄清楚更有利於我們進行文案創作。這就好像你要去追求女神，當你知道了她在乎什麼、喜歡什麼，你跟她進展到什麼程度，你就會知道應該跟她聊什麼更容易擄獲女神的芳心。在這本書裡會介紹具體的工具，幫你分析「聊天對象」，我們也稱目標族群。希望能夠給你搭建一個通往聊天對象的橋樑，讓你更懂商品和「聊天對象」。

在哪說：找到文案表現方式

文案會在什麼情況下跟「聊天對象」接觸？通俗地講就是我們的廣告投放管道是什麼?在這種情況下，文案應該如何向 「聊天對象」傳達商品會更有效、更機智。

怎麼說：找到文案創作方法

掌握了說什麼，對誰說，在哪說，還要考慮怎麼表達。在這裡，我主要講解經典的**4P文案公式**：描繪（Picture）——承諾（Promise）——證明（Prove）——敦促（Push），從文案的開始、中間到結尾，每個階段我們都有具體的方法和框架讓你套用，幫你搞定大部分長文案的寫作，另外還有專門針對廣告語、海報主題、文案標題等短文案寫作，只要掌握這些，就能搞定文案工作中的基本任務。

為了讓你更好地掌握文案的創作思路和框架，我還列舉了幾個案例，希望能打開你的思維，把這個思路從頭到尾串聯一遍。

好文案不僅僅是有技巧的寫作，更重要的是文案背後的思路。

也正因為這個思路，會讓你的文案更有力度，比其他文案更有策略性。只要你學會這個思路，同時慢慢積累更多的文案知識、文案技巧，你的文案會有巨大的進步。

對我而言，這個思路是我在文案創作上的知識樹的樹幹，而這個基礎樹幹一旦不存在，學習的任何技巧都將像在流沙上的建築，隨時都可能坍塌。我希望你能掌握這個文案創作的基礎系統，只有掌握這個思路和框架，你學習的各種文案技巧才得以施展。

你還可以在工作和生活中靈活運用這個思路。

這個思路其實就是一個解決問題的思路。有不少文案學員都對我說過，它通過學習文案課，工作中的其他能力也有所提升，處理問題的思路也越來越清晰。

運用思路寫策劃方案。

這個思路原本就是策劃思路，運用這個思路來寫各類方案完全

沒有問題。不少學員說沒想到學完文案寫作，還懂得如何策劃方案了。當然，重要的是你完全掌握這個思路，並且能把它貫穿起來。

運用思路組織會議。

運用「說什麼──對誰說──在哪說──怎麼說」這個思路也能安排好一場會議。「說什麼」：明確老闆的會議目標，「對誰說」：掌握參會人員的特點和需求，「在哪說」：合理考慮會議地點，「怎麼說」：怎麼合理安排整體會議的議程、主題等。

運用思路做個人履歷。

你的工作履歷如果當作文案來寫，按照這個思路去思考，「說什麼」：找到自己最大的亮點；「對誰說」：掌握用人單位關注的點；「在哪說」：充分考慮履歷跟對方需求的重合點，如履歷如果是通過郵箱發送，你的標題肯定要考慮到不要讓別人看到標題以為是個垃圾郵件，寫成《XX應徵XXX職位》反而更好。「怎麼說」：在個人履歷中有重點地展示自己。通過這樣的思路來梳理你的履歷，會讓你的履歷更吸引人。

運用思路準備應徵。

曾經有人對我說他沒有文案工作經驗，但即將要去面試，對方希望他準備一些案例，問我準備什麼案例去比較好。其實這樣的問題，仔細分析一下「對誰說」，也就是你即將應徵的工作職責和內容，瞭解清楚後，準備與未來工作相關的案例就很好。

另外為了方便閱讀，我借用了文案訓練營往期幾個學員的身分以及性格，用群聊的方式，通過他們的口吻說出你的疑問，答案會

由其他學員解答，或者我自己直接回答。如果你還有其他疑問，可以通過「葉小魚跑跑跑」公眾號直接與我聯繫。

最後，諸多感謝。

感謝知名廣告人、誠品書店御用文案李欣頻，讓我看到這個職業的無限可能；

感謝知名廣告公司的行銷總監滕老師手把手引導我，為我推開了文案的大門，讓我想像他一樣，去引導更多人，讓他們少走一點彎路；

感謝前百度副總裁李叫獸，讓我不斷嘗試更科學的文案方法論；

感謝獨立戰略行銷顧問、羅輯思維外腦的小馬宋老師，讓我看到文案最應具有的樸實樣子；

感謝前主管陳柳，對我工作的嚴苛要求，以及對我生活各方面的指引；

感謝前主管東莞糖酒集團美宜佳便利店有限公司的姚旭鴻，給我各種試錯機會，並協助我搭建了完整的知識樹體系；

感謝前得到、喜馬拉雅簽約說書人大錘，鼓勵我嘗試了第一次文案線上課，讓我擁有了做為文案人的使命感；

感謝人人都是產品經理，起點學院的灘江，在我正尋找課程平臺合作時，和我並達成了長期合作；

感謝實戰網絡行銷專家秋葉大叔，給了我寫第一本書的機會，這本書還成為雙一流大學的指定教材；

感謝心理學人、《精進》作者采銅老師，在我寫書過程中給予過的專業指點，也讓我感受了一個知識分子的情懷；

感謝長效經營第一人楊善平老師，讓我看到一個培訓老師最高的境界，並給予我更多指引；

感謝國內高端原創專櫃品牌林清軒孫總，給予我們文案訓練營及本書讀者的文案變現機會；

感謝我的家人，包容我的任性，給予我足夠的時間和空間，支持我去追求夢想。

感謝過往文案訓練營的學員對我的支持，不少學員聽完課後，邀請我去他們企業講課。當然，最重要的是，我們在訓練營期間的溝通交流，讓我看到我的課哪裡做得好，哪裡還可以做的更好。

也感謝曾合作過的企業客戶，同意我把案例真實地呈現在書裡，讓讀者可以看到一個文案是如何從無到有的。

感謝本書出版編輯的辛勤工作，也感謝葉萱淼、湯博為葉小魚原創卡通貢獻的一分力量，讓本書增添了諸多趣味。

最後，感謝你──親愛的讀者，拿起這本書就是對我的信任和支持，相信這個緣分也將讓我們彼此有所不同。

書稿完成後，我跟隨秋水老師和遊牧星球去往青海，旅途中我見到了一種魚，稱為湟魚，它們每年6月都會游往青海湖的支流上游去產卵，然後從此在這個世界上消失。繁衍似乎就是牠們的使命，一旦有了下一代，生命似乎沒有了意義。這讓我特別有感觸，我們大多數人與這個湟魚並沒有很大差別，也許只是活得長一些，但我始終認為自己還有一些東西可以讓這個世界變得不一樣，我的使命不應該僅僅是繁衍。如果你通過閱讀這本書，在文案上有了自己的思路，繼而在文案的道路上不斷精進，甚至影響改變了更多的人，這就是我人生更大的意義所在。

很喜歡新百倫廣告中李宗盛說的一句話：「人生沒有白走的路，每一步都算數。」

希望這本書，也能成為你人生中關鍵的一步。

第一章

文案防偽
指南

很多人其實都把「文案」概念搞錯了，
做為專業的文案創作者，我們可不能
犯這種錯。

這些文案都是「偽文案」

很多文案小編其實都沒搞清楚什麼是「文案」。

不知道你有沒有在朋友圈看過這些內容:《這組月薪三萬的小學生文案,已經刷爆朋友圈!》《月薪30,000的文案,竟然出自小學生!》《對不起,小學生的文案都比你強!》,做為一個文案創作者或者即將從事文案工作的你,看到這樣的標題有沒有感到焦慮?

我第一次看到這些標題就心裡一驚,小學生也來跟我們搶飯碗了?趕緊點開看看究竟:

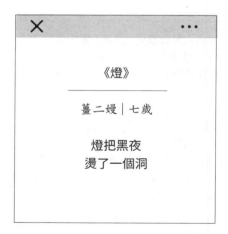

《燈》

薑二嫚｜七歲

燈把黑夜
燙了一個洞

```
×                                    · · ·
```

《回到地面》
———————

朵朵｜五歲

要是笑過了頭
你就會飛到天上去
要想回到地面
你就必須做一件傷心事

《土》
———————

曹世武｜八歲

土是花兒成長的家
摸一摸
這個字軟軟的
春天
這個字長出了頭髮

　　這難道不就是小學生寫的詩嗎？看完後忍不住要批評那些小編，連「文案」概念都沒弄清，就開始誤導人，平白無故給我們文案從業者製造焦慮。

　　甚至還有這樣的內容：《知乎點讚最高的50句文案，讓你一眼就愛上！》《這個小長假的笑點，被知乎的文案承包了！》

　　當你點擊進入會看到以下內容：

✕   •••

01
說一句很有內涵的詩句。
一懶眾衫小。

02
你聽過的第一個 3D 環繞音樂是什麼？
丟手帕。

03
一整個比薩你要切 8 塊還是 12 塊？
8 塊吧，12 塊我吃不下。

04
如果你是別人，你願意和自己處對象嗎？
想都不敢想，哪有這種福氣。

05
要是在古代，姐的顏值能撐起整個青樓！
你是說你長得像柱子嗎？

06
用一句話形容你的罩杯。
隨爹。

```
 ✕                            • • •
```

07
窮不是一種狀態。
窮是一種常態。

08
你怎麼一個人逛街啊？
半個人逛街我怕嚇著你！

09
歷史老師：你為什麼交白卷？
我：我怕我會篡改歷史。

　　這些難道不都是段子嗎？雖然看完後，我也覺得很有趣，但是一想到這些段子也濫用「文案」概念，我又變得很鬱悶。

　　如果這是「文案」的話，那文案創作者就沒有存在的意義了，去找那些詩人、段子手就好。事實上，文案並非巧妙運用文字。而是要讓你的文字產生效果。

「我們需要你，我們努力尋找的就是你這樣真正懂得人性的人。」
──克勞德・霍普金斯

這才是「文案」

到底什麼才是文案呢？有一個很書面的解釋：

文案，廣告文案的簡稱，廣告的一種表現形式，也是一種職業稱呼。

感覺很官方是不是？還有一個官方又正經的解釋：

廣義的文案，指廣告全部，包括廣告策略、創意、圖片等表現形式。

狹義的文案，指廣告作品中文字的部分。比如廣告中的標題、副標題、活動主題等文字。

優秀的文案創作者，絕不會狹義地認為文案只是文字，文字與廣告策略、圖片、影片等都是文案不可分割的一部分。

文案到底是什麼呢？我也一直在探尋，直到有一天，我看到這句話：

「文案寫手，就是坐在鍵盤後面的銷售人員。」

這是美國零售廣告公司總裁朱迪思·查爾斯給文案下的定義。這句話非常精準地解釋了什麼是文案。做為鍵盤後面的銷售人員，我們的工作就不僅僅限於廣告的文字部分，一切有利於銷售的內容，我們都該思考。

判斷一個內容到底是不是文案，關鍵看這個文案後面有沒有商業目的。瞭解了什麼是文案，相信你以後就不會再混淆概念了。

接下來我考考你：網易雲音樂評論區的評論，是不是文案？

圖為網易雲音樂投放在杭州地鐵的網友評論留言

不在一起就不在一起吧，反正一輩子也沒多長。
——某網友評論李志《關於鄭州的記憶》

「你還記得她嗎？」
「早忘了，哈哈」
「我還沒說是誰。」
——某網友評論 Piandoy
　　《The truth that you leave》

最怕你一生碌碌無為，還說平凡難能可貴。
——某網友評論白亮《孫大剩》

祝你們幸福是假的，祝你幸福是真的。
——某網友評論好妹妹樂隊《我到外地去看你》

圖為網易雲音樂APP評論區留言

先思考5秒鐘，給出你的答案，然後繼續看。

如果你還是很難判斷，記住一個詞就好：**商業目的**。在評論區的文字是網易雲音樂聽眾的感悟，而這些感悟被網易雲音樂投放到地鐵上就有了商業目的。不少看到地鐵廣告的人都拍照發朋友圈，借用這些評論在朋友圈表達自己想法，讓更多人看到這個廣告，知道了網易雲音樂，這樣就會增加網易雲音樂的下載量，實現了商業目的。

敲黑板

判斷是不是文案，重點看有沒有商業目的。

認識文案後，你還有必要知道，我們在創作文案的時候，不同的階段有不同的商業目的。

所有文案都逃不過的三個目的

文案並不僅僅是天馬行空的創意和無法帶動銷售的文字，如果你是一個品牌的老總，你希望產品的文案發揮什麼作用？

這裡有三個選項：

（1）去寫個文案，讓我們的品牌一夜爆紅！
（2）去寫個文案，讓用戶喜歡我們的品牌和產品！
（3）去寫個文案，把我們的產品賣爆！

如果我沒猜錯的話，你是不是把這三個選項都勾選了？

讓品牌一夜爆紅、讓用戶喜歡品牌和產品、把產品賣爆其實都是在銷售。

文案工作的核心就是提高銷量。而且和銷售員相比,我們並不是直接跟用戶面對面的溝通,而是隔著電腦、手機屏幕,通過我們的文案跟他們溝通。

溝通的目的,就是銷售。

回想一下,你在看微信公眾號文章的時候,有多少次會順手買一些東西。或者在朋友圈閒逛時,也會順手在微信好友那裡買東西。那個能讓你看完去下單的公眾號文章和朋友圈看到的內容就是文案。

當你在天貓、京東等電商平臺搜索一件衣服,看完商品介紹決定要不要下單時,你看到的那些就是文案。

在電梯、地鐵站看到的海報廣告、燈箱廣告都是文案。有些廣告文案是希望你直接下單去購買,而有些廣告只希望你能記住他的品牌名以及他是做什麼的,等到有需求時能夠第一時間想到這個品牌。

雖然商業的目的無非就是銷售,但在品牌的不同階段、不同場景下具體的目的也有所不同。雖然都想要達成銷售,但事實上,用戶不會因為一次廣告文案就馬上購買。這猶如談戀愛,大部分人無法做到一見鍾情。我們的商業目的會分成三個階段,讓銷售有個循序漸進的過程。每個階段都有不同的目的,因此文案的核心工作就是實現這三個目的。

認知、情感、行動是所有文案都逃不過的三個目的。

文案的 3 個目的

認知—情感—行動

認識我們　　　信任我們　　　購買我們
認識品牌　　　　　　　　　　參加活動
認識業務　　　　　　　　　　評論轉發
知道我們

　　這是美國廣告學研究者拉維奇和斯坦納總結的廣告三個階段，你會發現這三個階段還是跟談戀愛一樣，首先你得讓你的男神或女神知道你，認識你，然後才能慢慢培養感情，最後他才會決定，要不要與你確定關係。

認知

　　在這個階段，我們廣告文案主要目標就是讓用戶認識到有我們這個品牌，知道我們品牌是做什麼的，把品牌名和廣告語放大的廣告大部分都屬這個範疇。

情感

　　這個階段裡，廣告文案需要去解決情感信任問題。如何讓用戶認為我們的產品很好，並且還覺得我們就是比競爭對手好很多，甚至在我們的產品跟競爭對手幾乎沒有差別的情況下，卻依

然喜歡我們的品牌。

你看到的大部分感人的廣告、微電影廣告故事等基本上都是這個階段的產物。

行動

在行動階段，廣告文案的主要目的就是讓用戶能夠行動起來。一般都是希望用戶馬上購買，或者直接參加我們的某個活動。電商頁面看到的各種海報大部分屬這個類型。

幾乎每個品牌都會經歷這三個階段，每個階段都有不同的側重點。我們可以看看可口可樂的歷年廣告語，你會發現可口可樂從認知到情感階段，就花了幾十年的時間：

可口可樂歷年廣告語		
年份	廣告語	階段
1886年	Drink Coca-Cola（請喝可口可樂）	認知
1900年	For headache and exhaustion, drink Coca-Cola（頭痛疲勞，請喝可口可樂）	認知
1906年	The Great National Temperance Beverage（偉大國家的無酒精飲料）	認知
1927年	Around the Corner from everywhere（無處不在的可口可樂）	認知
1942年	The only thing like Coca-cola is Coca-cola itself（只有可口可樂才是可口可樂）	認知
1957年	Sign of Good Taste（好品味的象徵）	情感

1987年	Can't Beat the Feeling（擋不住的感覺）	情感
1993年	Always Coca Cola（盡情盡暢，永遠是可口可樂）	情感
2000年	Coca Cola. Enjoy（可口可樂，每刻盡可樂）	情感
2009年	Open HAPPiness（暢爽開懷）	情感
2016年	Taste the feeling（品味感覺）	情感

　　在品牌上市階段，可口可樂公司不斷主打品牌本身以及產品功能，如「請喝可口可樂」「頭痛疲勞，請喝可口可樂」「偉大國家的無酒精飲料」等，在很多仿冒品出現時，可口可樂公司開始主打「只有可口可樂才是可口可樂」，加強用戶對品牌本身的認知。從1957年才開始培養用戶對品牌的情感。

　　也許你會好奇，為什麼這些廣告語裡沒有看到「行動」的階段？這個問題，我將在下個小節回答你。

❓ 考考你

　　淡泊坊品牌做為一個新品牌，現在需要在地鐵投放廣告，你認為以下哪個廣告更適合？

　　A.淡泊坊：肌膚提亮專家

　　B.淡泊坊：淡泊明志　寧靜致遠

你先思考幾秒鐘，再繼續看下去。

　　淡泊坊做為一個新品牌，廣告文案處於認知階段，所以文案的作用是告訴別人「我是誰，我是做什麼的」，讓用戶認識到品牌並且知道品牌的特點。

　　「淡泊坊：肌膚提亮專家」不僅能讓人知道品牌名，還瞭解到這個品牌的特色，甚至是行業屬性。「肌膚提亮專家」說明淡泊坊是作護膚品的，「提亮」則是這個品牌的特色。

2個文案類型釐清你的工作內容

　　做為一個新手，也許你會問，那我到底要做哪些工作內容才能實現「認知」「情感」「行動」這三個目的。

　　你應該聽過短文案、長文案、硬廣告、軟文廣告等等名詞，這些都是按文案呈現的形式進行分類的，而我們圍繞著「認知」「情感」「行動」這三個目的，把文案分為兩類：品牌文案和銷售文案。

文案的 3 個目的

認知─情感─行動

認識我們	信任我們	購買我們
認識品牌		參加活動
認識業務		評論轉發
知道我們		

品牌文案　　　　　　　　銷售文案

文案目的不同，要表達的內容和特點也不一樣。

記住這三個目的，讓品牌文案和銷售文案的創作有方向。

目的為「認知」「情感」的文案，就是品牌文案。你可以回想一下，你在電梯、地鐵站、高鐵站看到的很多燈箱廣告，是不是都有以下三個特點:

1.展示品牌形象及特點

文案重點在告知品牌名、品牌特點。你會感覺這些廣告彷彿都在說這樣一句話:「嘿，看我，快看我，我是某某品牌，我做某某事很擅長，記住我哦。」

　　在世界盃期間，知乎的廣告雖然被很多人說重複得讓人討厭，但這卻讓人在短時間內記住了知乎。

　　知乎廣告一直在重複告知所有人「有問題 上知乎」。知乎的廣告文案是這樣的：

　　著名演員劉昊然：你知道嗎？你真的知道嗎？你確定你知道嗎？你真的確定你知道嗎？

　　有問題，上知乎

　　上知乎，問知乎，答知乎，看知乎，搜知乎，刷知乎

　　有問題，上知乎

　　旁白：知乎。（畫面：知乎，發現更大的世界）

　　試想一下，如果你想在很短時間內讓你的男神或女神認識自己，最想說的是不是我是誰以及我最大的特點是什麼。這些品牌廣告文案也一樣，大部分出現在電梯、高鐵站、機場、戶外的廣告，它們跟用戶的接觸時間短暫，自然需要快速傳遞這些訊息，達到「認知」目的。

2.展示品牌精神

還有一部分廣告會說：「我崇尚XXX，來看吧，這是我的精神世界」，這一部分廣告更多側重在讓人喜歡這個品牌。如諸多運動鞋品牌，在產品上用戶感受不到太多差異，反而會憑藉對品牌的喜好來選擇。

來看看耐克和愛迪達推崇的不同品牌精神吧。耐克很多廣告中，都會體現個人的刻苦練習，如以下兩個廣告，分別是不同年份的品牌主題廣告，但體現的品牌精神卻非常相似。

愛迪達在2008年期間推出「一起2008」「Basketball is a Brotherhood」（無兄弟，不籃球）這樣的口號，這兩個文案都在主打團隊協作精神。在2008年奧運會氛圍下，這樣的價值觀的確很容易引起用戶共鳴。

　　品牌主張的精神不同，打動的人群也不同。如果說品牌是一個人，那麼品牌精神就是這個人的價值觀。你會長期喜歡一個人，也是因為這個人的內在吸引力。

3.帶動品牌傳播

　　還有一部分廣告會說「發生在我身上的這件事，你是不是也經歷過？」

　　如下面這些文案，是不是有共鳴的人群會有轉發的衝動呢？

「山東到福建距離2000公里，在這，不過一碗粥的距離。」
「王阿姨的廚房不到5平方米，卻裝下了兒時的八百里秦川。」
「除了給爸媽打電話，中午訂餐，是你唯一說四川話的機會。」

　　這是回家吃飯APP的一組品牌文案，「回家吃飯」是一款家庭廚房共享APP，主要由願意分享的民間廚藝達人來做飯，通過配送、上門自取等方式，給忙碌的上班族提供美味的飯菜。這些文案不僅符合回家吃飯APP的特點——吃到家鄉菜，對於一個在外工作的遊子來說，吃到家鄉的飯菜也是「回家」的一種方式。這組文案肯定能打動他們，或許還會把文案轉發到朋友圈，藉此表達一下思鄉之情。

　　再來看一下喪茶的文案：

　　「年輕人嘛，現在沒錢算什麼，以後沒錢的日子還多著呢。」很多年輕人可能也會忍不住把喪茶廣告轉發到朋友圈自黑一下。

　　品牌文案承擔著「認知」「情感」的目的，所以展示品牌形象及特點、展示品牌精神、帶動品牌傳播這三個特點會非常明顯。當你確定了文案的目的時，基本就可以從這三個特點入手來思考，應該側重在哪一點，寫作時才會更有方向。

記住這三個特點，讓文案更有銷售力

　　目的為「行動」的文案，主要是希望用戶可以立即購買，實現這個目標的文案一般有以下三個特點：

1.明確的產品賣點

　　介紹產品賣點，給別人一個購買的理由。如下面的廣告圖：

　　「MIUMIU製造商出品，意大利進口皮料」就是產品賣點：大牌製造商以及皮料是意大利進口。

再來看一個天貓首頁上推薦遮瑕氣墊粉底的廣告，文案「輕薄遮瑕，服帖透氣」就是產品的賣點。

2.立刻購買的理由

文案需要給用戶一個立即下單的理由，為什麼要現在購買。一般來說都是在有促銷活動、特價的時候能讓用戶有立即下單的衝動。

如下面的這個廣告：

「七夕節」「爆款限時特價」「8.14-8.18」這些都會讓顧客容易產生現在不買就會錯過的印象。

3.明確的購買引導

「立刻下單」「立刻購買」這些標籤都是在引導顧客點擊購買。

如下面的廣告中「全球大家電」是產品賣點，說明參與活動

的品牌眾多，「滿8000減800」就是一個立即購買的理由，右邊一個圓形按鈕「速搶」就是一個明確的購買引導標誌。

再如下面的廣告文案：

「軍訓必備，爆款防曬清單」這是產品特點，告訴顧客這裡是防曬產品，「讓你白白過夏天」則是購買理由，意味著顧客用了這款防曬產品，可以白皙地度過夏天，「全場低至19元起！」就是一個立刻購買的理由，底部加了一個按鈕形狀的圖，也是引導點擊購買。

有沒有覺得這些廣告文案特別面熟？電商網站上的海報文案、商品詳情文案、節假日促銷活動文案，大部分都屬銷售文案。

之前在我們的文案討論組有過這樣的討論：

好文案是聊出來の討論組

BringBring

其實，我不太清楚到底應該什麼時候寫品牌文案，什麼時候寫銷售文案……

小國寶

是啊，我老闆才不會跟我劃分什麼是品牌文案、什麼是銷售文案呢，他只會說寫得走心點。

的確，有很多老闆不會告訴你要寫品牌文案還是銷售文案，那就去問問文案的應用場景、文案目的。

小魚

小國寶

應用場景，比如說用在微信公眾號上。

你還得問問文案是發在微信公眾號上讓別人看完後去購買，還是轉發我們的文案（問目的），如果希望別人看完後立即購買，那這個文案就是銷售文案，如果希望別人看完後轉發，那這個文案就是品牌文案。

小魚

小國寶

那如果老闆告訴我，是用在戶外廣告牌上呢？而且也不明確說目的。

這個主要看應用場景跟用戶的接觸時間。一般來說，用戶跟你的廣告接觸時間短，就重點側重「認知」，比如你所說的戶外廣告，用戶跟廣告的接觸時間很短，那就需要寫一個品牌文案，重點在於告知，讓用戶幾秒內看到廣告就知道這是什麼品牌，最大的特點是什麼。

小魚

好文案是聊出來の討論組

如果用戶接觸時間長，如在地鐵上，有足夠的時間看你的廣告，這時候你也可以考慮做品牌文案，讓看到文案的人喜歡它，甚至被它打動拍照發朋友圈。另外，如果你是放在電商網站的，那八成都是銷售文案。所以，文案的類型重點看應用場景以及文案目的來確定。

小魚

BringBring

銷售文案都符合這三個特點好像很容易，效果也好。但是品牌文案似乎有點難，如重點在告知品牌名，體現品牌特點，就挺難同時展現品牌精神、帶動傳播。

是呢，銷售文案符合的特點越多越好，品牌文案能符合三個特點當然好，但是很少能夠全部做到，能聚焦在一個點上就很不錯了。

小魚

BringBring

那如果我確定了要寫什麼類型的文案，接下來應該如何思考呢？

別著急，我們進入下一小節，去Get一個萬能寫作思路去。

小魚

文案似乎沒有一套判斷好壞的標準，如同一杯茶，不同的人喝完，對這杯茶的評價也不一樣。這也是很多新手在寫完文案後，誰都能對他的作品提出修改意見的原因。

做為文案創作者，大多數不好的文案並非文筆不好，而是一開始沒考慮清楚就匆匆下筆了。那麼，到底應該如何思考呢？其

實文案創作的關鍵在於：

說什麼，對誰說，在哪說，怎麼說。

為什麼用「說」這個詞，而不是「寫」？好文案不是寫出來的，而是說出來的。

說什麼：找到文案創作目標。

文案要達到的目標是什麼？要讓用戶知道什麼訊息？感受到什麼？發生什麼改變？

對誰說：找到文案溝通對象。

品牌在對誰說話，這些人都有哪些特徵？他們與我們的關係是怎樣的？

在哪說：找到文案表現形式。

廣告文案投放在哪裡，我們在什麼環境下與用戶說話？

怎麼說：找到文案創作方法。

基於說什麼、對誰說、在哪說的基礎，然後考慮怎麼來表達。

24小時智慧自助共享健身房的文案

「說什麼，對誰說，在哪說，怎麼說」這樣的思路，也可以做為評價文案好壞的一套標準。

這一天，「好文案是聊出來的」討論組突然很熱鬧：

好文案是聊出來の討論組

海豔

大咖們，我剛寫完一組文案，準備做一些貼紙，投放在我們場館周圍的商家，如餐館、奶茶店、服裝店這些店鋪裡。我用PPT模擬設計了一下，大家看看如何？

海豔

BringBring

「乾脆通宵吧，猝死的幾率更大」這句話很有趣。

海豔

這麼消極的文案，老大說我的語言可能太激進了。

靜默

「每天6點準時到綠道，6:10準時發朋友圈，期待著我喜歡的妹子點個讚。」
你有去跑過步嗎？去聽聽跑步的人在想什麼，或許你的文案就出來了。

好文案是聊出來の討論組

小魚

靜默的思考很不錯，要考慮「對誰說」，不過我首先想的是「說什麼」，我們這個產品是個運動APP嗎？這個產品有什麼用？這次做廣告目標是什麼？

BringBring

應該是個健身APP。

海豔

我們是個24小時智慧自助共享健身房，按次收費，年卡399元，比傳統健身房便宜很多。上面的二維碼，是我們的小程序，掃碼進去後可以查看附近健身房，我們希望用戶可以直接在APP上購買健身券，到店裡就可以使用。通過文案想讓大家掃碼，看到我們的不一樣。

小魚

海豔剛說的就是「說什麼」部分了，我們可以再來看看「對誰說」，我們的目標族群是誰呢？他們有什麼特色？

海豔

針對的人群主要是有跑步需求，但是沒有跑步條件的人，當然，我們也很希望原本不跑步的人能夠來跑步。

小魚

嗯，比起勸原本不跑步的人來跑步，勸本身有跑步需求的人換個地方跑步顯然更容易。目標族群應該是目前在健身房跑步的人。

靜靜

其實，健康的生活方式離你並不遙遠，重新定義運動。
你與身邊健身房的距離只差一個趣運動。
掃一掃二維碼，查看身邊的健身房去運動吧！

好文案是聊出來の討論組

@靜靜 離我們的文案目標越來越近了。

小魚

海豔
@靜靜 重新定義運動。

如果我們要主打「認知」這個目的，根據現有人群特點，我也整理了一個文案：
健身房辦個年卡很貴，
戶外跑步還可能遇見「大灰狼」，
X元，來一次專業又安全的跑步。
（二維碼）
掃描二維碼查看距離你最近的健身房。
底部固定廣告語：趣跑吧，你身邊的24小時智慧共享健身房。

小魚

海豔
這個創作方向也很好，還有沒有其他思路呢？

有的，還可以根據廣告投放場景，比如在餐館裡貼的廣告：
又多攝入了1000卡路里？
別再用「吃飽了才有力氣減肥」的話來安慰自己。
拿起手機掃描下方二維碼，馬上跑起來！
（二維碼）
X元，來一次專業又安全的跑步。
底部固定廣告語：趣跑吧，你身邊的24小時智慧共享健身房。

小魚

靜靜
忽然發現思路被打開了很多。

BringBring
如果是在賣衣服的店鋪投放，我會準備這樣的文案：
S碼的衣服裝不下L碼的身材？

好文案是聊出來の討論組

BringBring

別再用「我明天再減肥」騙自己了。
拿起手機掃描下方二維碼，搜索最近的24小時智慧
共享健身房！
（二維碼）
X元，來一次專業又安全的跑步。
底部固定廣告語：趣跑吧，你身邊的24小時智慧共
享健身房。

海豔

@BringBring 很棒啊！

其實海豔原本的文案也是個不錯的思路，只是需要重
點考慮「說什麼」「對誰說」，然後再考慮「怎麼
說」。即使你要去評價別人的文案好不好，也要首先
考慮「說什麼」，即這個廣告文案的目標是什麼，需
要讓用戶知道什麼訊息；「對誰說」——用戶是誰，
他們關注什麼？再評價「怎麼說」，即有沒有傳達出
要說的點，跟用戶有沒有關聯。

小魚

海豔

明白了，下次讓別人給建議時，我也應該交代清楚這
些，否則別人也不好評價。

BringBring

我又有個疑問「說什麼、對誰說、在哪說、怎麼說」
這四個步驟怎麼寫有沒有具體的方法？這麼看，還是
感覺有點模糊。

有的，每一項都有具體的方法，後續我會詳細說，但是
在這之前，大家也一定要有一個大概的概念和思路。

小魚

BringBring

期待。

敲黑板

　　能夠系統考慮「說什麼、對誰說、在哪說、怎麼說」
的文案，才會更有效，更能打動用戶。

? 考考你

　　以下是兩個房地產文案，你認為哪個更能打動人？請用「說
什麼、對誰說、在哪說、怎麼說」來分析你認為做得好的文案。

花3分鐘時間填寫下方對應內容後，我們再來討論。

說什麼：

_____

_____

對誰說：

_____

_____

在哪說：

_____

_____

怎麼說：

_____

_____

　　如果我沒有猜錯，你應該選擇了第二個文案吧，「故鄉眼中的驕子，不該是城市的遊子。三萬首付，紮根珠海」。

　　我說過文案不是寫出來的，是說出來的。想像一下，你是個地產銷售員，你會對客戶說「品質傳承，榮耀人生」這樣的話嗎？顯然不會。

　　一個好的銷售員，每一次跟客戶溝通都會有一個明確的目標，也會去分析用戶，瞭解他們關注什麼，在乎什麼，然後再把能吸引到用戶的話說出來。

　　說什麼：首先確定文案的目標。

　　勾起用戶買房的需求和衝動，而且首付只要3萬元。

　　對誰說：找到文案目標族群。

　　目標族群是在城市飄泊沒有買房的人。這些人在故鄉都是很優秀的人才，但是在這個城市工作，卻始終沒有屬於自己的房子，想買房但礙於頭期款太多，一直沒有購買。

　　在哪說：這裡沒有明確的顯示。

　　一般在哪說，都會考慮跟溝通對象相契合。

　　怎麼說：找到文案創作方法。

　　基於「說什麼」「對誰說」「在哪說」再考慮應該怎麼說。

　　「故鄉眼中的驕子，不該是城市的遊子。」對於這部分人群來說，這句話也是他們自身經歷的反映，會有「這個地產商懂我啊」的感覺，如果針對本地人，顯然就沒有這個效果。「三萬頭期款，紮根珠海」則是廣告重點要表達的有吸引力的訊息，也是給這部分人群一個去詳細瞭解這個房子的理由。

第二章

1 個工具
找對要說的點

80% 文案新手都容易專注於文案寫
作而忽略文案目標——我們為什麼而
出發？想讓用戶知道什麼？感受到什
麼？做出哪些改變？這些都是文案寫
作前必須思考的。

為什麼你的文案費盡心思卻沒效果

「不要在乎廣告有多麼光鮮或搶眼……也不用管能引起多少大眾興趣。最關鍵的是『廣告能否帶來銷量？』廣告投入的好處是什麼？」
──20世紀50年代美國最大的廣告公司
L. Thomas of Lord and Thomas

很多文案新人有時候並未意識到自己的廣告別人看不懂。

有一次，我在天貓首頁位置，看到這樣一個廣告圖：

廣告主題是「貓曰新啟程」，主題下方是品牌名，這個品牌名我不認識，也不知道是賣什麼的，下方還有一句文案「質守慢成長」。左邊兩個小孩，一個小孩吃著獼猴桃，一個小孩抱著一個球。

那麼，問題來了，你知道這個廣告是賣什麼的嗎？

有些人會猜，應該是賣兒童玩具吧。

還有人猜也可能是賣兒童衣服。

甚至還有人猜是不是賣貓糧的，看到主標題說什麼「貓曰」……

等我點進去才發現，這是一家賣天然有機棉嬰幼兒服裝的，並且此時此刻，這個店舖正在做滿300減60的活動。

what？有這麼多吸引別人點擊的賣點，你卻在天貓首頁花廣告費，只說「貓曰新啟程」。

這是要跟用戶玩「廣告猜猜看」的遊戲嗎？如果一個廣告看不懂，還需要潛在顧客去猜，那這個廣告真的挺失敗。

這樣的廣告，都屬無效的廣告。

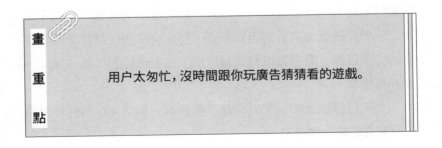

畫重點

用戶太匆忙，沒時間跟你玩廣告猜猜看的遊戲。

除非你的廣告創意原本就是讓別人猜內容，否則不要讓用戶去猜。

出現這種情況的主要原因是很多新手文案想刷存在感，文案

創作前沒有一個明確的目標。

做為文案新人，不要總想著刷存在感、炫技。

文案這工作似乎人人都懂，人人都能寫。文案新人也總有一種「語不驚人死不休」的執念，因為只有自己的文案寫出來跟其他人不一樣，才能顯示出自己的價值。

我剛開始創作文案的時候恨不得把文字寫出花來，堆砌形容詞，運用諧音，甚至自造詞彙，不過總被老闆批評，因為這些文案都存在一個共同的問題：別人看不懂。

「你不願讓家人看到的廣告，不要做。你不會對你的妻子說謊，那麼也不要對我的妻子說謊。」
——大衛·奧格威

如果拿到文案任務，全然不顧文案目標，這樣會導致一開始文案的寫作方向就是凌亂的，沒有一個明確的切入點。因此在動手之前要先確認文案目標再寫文案，寫完文案後，還需要對照原定的文案目標，看看有沒有達到目標，這也是你對文案好壞的一個評判標準。

文案目標應該如何定呢？接下來我有一個文案GPS目標導航工具想介紹給你們參考。

「我們走得太遠，以至於忘了為什麼而出發。」
——紀伯倫

文案GPS, 找到文案要說的點

「看不到我們的目標，就可能事倍功半。」
——沃爾特·凱利，漫畫家

聽說你是寫文案的，
我有個產品文案需要寫，你幫我寫吧！

嗯，你想寫成什麼樣的？

好像也沒什麼值得寫的，產品就這樣，你幫我
寫寫吧，我要是知道怎麼寫，我肯定自己寫了。

……

　　以上的對話或許大家都遇到過，要想解決這個問題需要掌握
一個工具——文案GPS。文案GPS目標大綱主要分為四個部分，明
確說話對象、文案的變化結果以及基於這兩點分別從理性上訊息傳
達，從感性上情緒推動。這四個部分將決定你文案創作的整體方向。

文案 GPS 目標大綱

明確說話對象	文案的變化結果	從理性上訊息傳達	從感性上情緒推動
寫給誰看	認識我們	訊息 1	喜歡
性別年齡	改變認識	訊息 2	信任
習慣偏好	認同我們	訊息 3	恐懼
……	決定行動	……	……

明確說話對象：我們這個廣告文案是寫給誰看的，用戶的性別、年齡、習慣、愛好等方面都要考慮到。

文案的變化結果：我們要讓用戶看完這個廣告文案後，對品牌的印象有所改觀。電商頁面的商品詳情文案想讓用戶僅僅是隨便看看就能夠立即購買；廣告形象宣傳片想要讓用戶記住這個品牌名；危機公關的文案想要獲得的結果是讓人看完後，能改變原本對相關事件的認識……不同的文案，想要獲得的結果是不同的。

從理性訊息上表達：讓你的目標族群知道哪些訊息，他們才會考慮購買。比如，商品文案需要說出商品的哪些賣點才更容易打動他們。把這幾個主要賣點列出來。

從感性上情緒推動：想讓一個人做出變化，僅僅獲得理性的訊息是遠遠不夠的，還應有感性的觸動。我們要讓用戶在文案中感受到的情緒主要分為兩種：正向情緒；負向情緒。正向情緒包含激動、喜悅、驚喜、信任等，負向情緒包含恐懼、焦慮、憤怒等。

如以下兩組文案，你能夠很明顯地感受到文案中的情緒：

　　一組比較勵志；一組比較負能量，比較消極。

　　這些帶有情緒的文案很容易被記住。當然，並非所有文案都一定要充滿情緒，我們之所以要考慮到文案的情緒，是因為這樣會更有利於後期文案的寫作。

　　為了更方便運用，我把這四部分羅列成一個表格：

文案GPS目標大綱

明確說話對象	
文案的變化結果	看完我們的文案後，他們將……
從理性上訊息傳達	1. 2. 3.
從感性上情緒推動	1. 2. 3.

接下來如何具體運用呢？我們再嘗試把開篇那個看不懂的「貓曰新啟程」拿過來討論一下它的文案GPS目標大綱。

一個天貓首頁廣告如何確定目標大綱？

首先我們瞭解到這是一家賣天然有機棉嬰幼兒服裝的，並且正在做滿300減60的活動，現在要投放一個廣告在天貓首頁。

那麼，你覺得是寫給誰看的呢？

毫無疑問這個店舖的目標族群是媽媽們。

在「變化結果」上，希望別人看完後能產生什麼行動呢？你可以試想一下，如果你開了一個天貓店，在首頁投放廣告，你希望別人看完後產生什麼反應呢？一般來說，我們都會希望別人看完廣告立即點擊進入店舖，查看更多訊息，對於那些只是看，但是沒點擊的用戶，也希望他們能夠瞭解我們的品牌和特色；

那麼，為了讓用戶明白我們的特色，並且提高點擊率，我們需要讓用戶知道什麼訊息呢？毫無疑問，肯定是要說自身的特色——天然有機棉，但是光說天然有機棉對方未必感興趣，我們需要考慮到天然有機棉跟用戶之間的關聯，即天然有機棉能給用戶帶來什麼好處呢？天然有機棉能夠帶來的舒適感、安全性通過告知促銷活動吸引對方立即點擊。

他們需要感受到什麼呢？因為並非所有人都熟悉這個品牌，所以前期希望用戶能感受到的是這個品牌感覺還不錯啊。

把內容填充到GPS目標大綱，就會是這樣：

明確說話對象	逛天貓的媽媽們，她們在乎服裝的舒適度、安全性
文案的變化結果	看完我們的文案後，用戶將認識到我們這個品牌衣服都是用天然有機棉做的，並且願意進入旗艦店詳細瞭解
從理性上訊息傳達	1. 我們是天然有機棉做的衣服，穿起來會很健康舒適、安全 2. 現在正在做促銷活動
從感性上情緒推動	這個牌子的衣服看起來還不錯哦

　　既然我們想讓用戶知道衣服的材質是天然有機棉以及品牌的促銷活動，那麼在主標題和副標題上，就必須傳達出這兩條訊息。

　　主標題如果是「天然有機棉」，你會發現有點弱，畢竟這個特色用戶未必會關注，他們未必能夠迅速瞭解到這個天然有機棉能夠帶來的好處，所以需要再添加一句「更健康安全」。「更健康安全」體現了天然有機棉的優勢，這恰好也是媽媽們最關心的問題。當然整個文案還要讓不熟悉我們的用戶知道我們是做什麼的，因此最終呈現的結果是這樣：「天然有機棉，更舒適安全的嬰兒服。」

　　副標題直接把促銷活動加上──「滿300減60」，再添加一個按鈕「立即購買」，可別小瞧了這個按鈕，這個按鈕能夠加強人的潛意識行為。

　　最終結果就成了下面的這個廣告圖：

現在這個圖還會讓你不知道是賣什麼商品的嗎？

對比一下會發現這個文案並非充滿才氣，但卻樸實有效。

我們去評判一個文案好壞的核心標準是這個文案有沒有完成原本預設的目標，而不是看起來是否精美、是否有意境、是否有才氣等。

敲黑板

不達目標的文案都是耍流氓！

網易嚴選如何通過一場促銷活動改變你的認知？

一提到網易嚴選，大多數人都覺得這是一家風格像無印良品但售國貨的電商網站。事實上網易嚴選本身的定位並非如此，廣告語「以嚴謹的態度，為中國消費者甄選天下優品」其實就是嚴格為你挑選好的商品。

如何通過一場促銷活動改變用戶現有的認知，讓人感受到網易嚴選嚴格挑選商品的態度，網易嚴選給出的定義是：好看好用。

針對這個促銷活動，我們先羅列一個文案GPS目標大綱：

明確說話對象	網易嚴選網站購物人群，潛在人群
文案的變化結果	看完我們的文案後，他們將……認識到網易嚴選在商品的選擇上很挑剔，商品品質好，外觀也好看，並考慮購買
從理性上訊息傳達	1. 嚴選挑選商品的態度：力求好看，好用 2. 現在正在做促銷活動
從感性上情緒推動	網易嚴選真的很盡心盡力，很嚴謹

明確說話對象：

現有網易嚴選網站的用戶的消費偏好一定會是那種比較在乎產品好不好看，好不好用的人。

文案的變化結果：

看完我們的文案後，他們將改變原來對網易嚴選的印象，並且考慮立即購買。

從理性上訊息傳達：

（1）網易嚴選挑選商品的態度：好看、好用。

（2）現在正在做促銷活動。

從感性上情緒推動：

網易嚴選用嚴謹的態度為你挑選好的商品。

當我們把這個目標大綱確定後，基本就能確定思考的方向。比如：怎樣才可以表現嚴格挑選？怎樣表現出商品的好看好用？

1.促銷活動形式

促銷形式就是四捨五不入。結算時如果訂單金額第二位小於或等於4，則保留第1位，其餘都變為0。

這樣的促銷活動形式，帶著一點對數字強迫症式的潔癖。

2.活動主題文案

活動主題就是促銷形式：四捨五不入。

主題文案：

網易嚴選的美學

有一點點強迫症

每一個選品都想

好看好用到極致

3.商品展現形式

只有一個海報的說服力是遠遠不夠的，在商品的展現形式上，強迫症式地按照顏色、形狀分類；

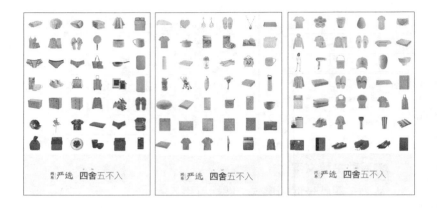

4.商品詳情頁文案

當用戶開始感興趣主動查看單品時，在單品的商品描述上，也在不斷加強嚴謹、商品好用的印象。

如一款主推的旅行箱。

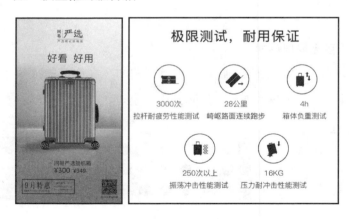

商品宣傳海報上也會明確地寫著「好看好用」，好看用圖片展示就好，而好用如何體現呢？網易嚴選選擇在商品詳情頁上放

一個「極限測試，耐用保證」的說明。上面詳細說明了網易嚴選
如何保證商品好用：

> 3000次拉杆測試性能測試；
> 28公里崎嶇路面連續跑步；
> 4h箱體負重測試；
> 250次以上震盪衝擊性能測試；
> 160KG耐衝擊性能測試；

不僅僅是這一款商品，在很多商品頁面都會有所體現，如：

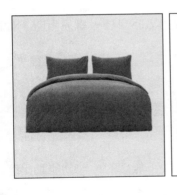

　　一款床上用品四件套加上一個稱為「嚴選歷程」的說明，詳
細說明了嚴選團隊是如何追隨原料與工藝，嚴格的細節把控，去
了哪些地方，從原料選擇到染印上色，再到製造工藝每個環節嚴
格把關。總之就是告訴你，商品不是隨隨便便上架的，是經過嚴
格挑選和把關的。

整個促銷活動，從活動主題、活動主題文案、商品的展現方式、單個商品的描述等沒有一個元素是多餘的，全部都是為了打破大部分人對網易嚴選最初的印象，感受到網易嚴選在選品上的挑剔、嚴苛。

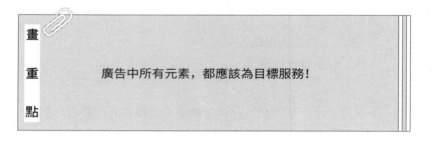

畫

重

點

廣告中所有元素，都應該為目標服務！

相信我，當你開始按照這個文案GPS目標大綱思考時，你已經表現出了一個文案創作者的專業性。

賣點這麼多, 到底說哪個?

很多品牌方覺得自己的產品是天下無敵的，他們能說出產品許多特點，然後會要求你全部都寫進去。於是你的文案GPS目標大綱「從理性上訊息傳達」的選項被填得滿滿當當。如果按照要求全部寫出來用戶或許會因為訊息量過載一個特點都記不住，最終導致文案無效。

應該如何篩選呢？

我們主要分為三步：

將所有賣點列出

↓

按照用戶關注度進行排序

↓

考慮跟競爭對手的差別

有一次我們文案訓練營安排給貓王音響寫文案，主要在微信公眾號上推廣產品，想讓文藝青年看完文案後認識到產品特點並且想要購買。按照流程，我們得先定下來文案GPS目標大綱，但是在「從理性上訊息傳達」這裡，大部分人都在糾結到底應該讓用戶知道什麼才會觸動他們購買呢？

貓王音響

接下來按照三個步驟試一試：

1.將所有賣點列出

（1）藍牙連接。

（2）可持續播放10小時。

（3）產品的造型很復古。

（4）產品的材質是原木。

（5）產品是手工打造的。

（6）創始人故事充滿情懷。

（7）造型小巧精緻。

（8）每一台音響都有獨立編號。

（9）選用20世紀特有真空螢光顯示電子管。

把以上賣點做一下分類，你會發現（1）（2）選項是關於功能的描述；（3）（4）（5）（7）（9）選項是關於造型的描述，都在支撐造型復古這個賣點的，我們把他們都歸類到「造型復古」的賣點裡。把以上賣點進行梳理後，就成了這樣：

（1）功能：藍牙連接、播放時間長。

（2）造型：復古。

（3）故事：創始人故事充滿情懷。

通過初步篩選，我們就能找到需要重點突出的賣點。

2.按照用戶關注度進行排序

哪個賣點對於文藝青年來說最有吸引力呢？大多數文藝青年會毫不猶豫地選擇「造型」，其次是「故事」，最後才是「功能」。

排序結果如下：

（1）造型：復古。

（2）故事：創始人故事充滿情懷。

（3）功能：藍牙連接、播放時間長。

我們要站在用戶的角度，找到賣點的重要程度排序。

3.考慮跟競爭對手的差別

對於用戶來說，他還可能把我們的產品跟其他同類產品對比，我們需要盡可能把自己跟同類產品不同的地方重點宣傳。

造型上，這款音箱做到了足夠特別；

故事上，對用戶也有吸引力；

功能上，你會發現這個音箱相對來說比較弱，畢竟藍牙連接、播放時間長，一般其他的音箱也能做到。

關於這個音箱的文案GPS目標大綱，最終會是這樣：

一篇投放在微信公眾號上的文案

明確說話對象	有點小情懷、小追求的文藝青年
文案的變化結果	看完文案後，他們將認識到貓王音響獨特復古型特點，並點擊鏈接進入到購買頁面
從理性上訊息傳達	1. 造型：復古（原木、手工……） 2. 故事：創始人 50 歲，有情懷的創業故事 3. 功能：藍牙、播放時間長
從感性上情緒推動	這個品牌的音箱符合我的氣質

在這個目標指導下的文案會更側重在描述造型上，或者以造型為主線，其次會提及創始人的故事，在功能上會做簡單的說明。

學完就用：讓文案更聚焦, 更有效

如果讓你負責為膳魔師兒童保溫杯寫一篇文案，投放在寶媽類的微信公眾號上，你會如何填寫目標大綱？選取哪些賣點？

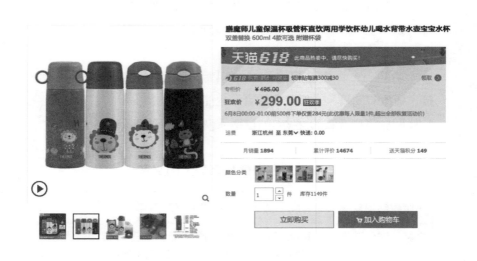

這個文案我們討論組也進行了激烈的腦力激盪：

好文案是聊出來の討論組

首先我們要明確目標大綱中的「明確說話對象」，
大家覺得誰會來購買這款杯子呢？

小魚

無邪

父母，注重品質的父母。

BringBring

對，有購買力的。

飛飛

我覺得還有可能是送禮的人。

為什麼你們會有這樣的判斷？

小魚

文案GPS目標大綱（表格填寫版）

小魚

明確說話對象	
文案的變化結果	看完我們的文案後，他們將……
從理性上訊息傳達	1. 2. 3.
從感性上情緒推動	1. 2. 3.

無邪

兒童杯是給孩子用的，但孩子年齡比較小，也不會自己
看微信公眾號，所以主要是給父母看。

好文案是聊出來の討論組

@無邪，這個觀察很不錯，有時候購買者和購買決策者不是同一個人群，這時候我們主要看應用場景，我們的文案是投放在哪裡，主要針對誰來寫。
小魚

就像今天下午一個小夥伴提問：自己的產品是政府採購，但是使用者卻是學校，文案到底應該是寫給誰看呢？這時候我們就看具體投放場景。在給政府的產品宣傳冊上，當然主要是針對政府來寫，但是在校園裡，肯定是針對使用者做廣告，使用者還可能反向影響購買決策者。
小魚

BringBring
對，就像那些兒童玩具，孩子看完了奧特曼之類的廣告，就去要求爸爸媽媽買，所以那些廣告基本都是做給孩子看的。

那麼為什麼你們會覺得是注重品質的父母？或者是送禮的人？@飛飛
小魚

飛飛
小魚老師，你終於注意到我了！我的目標族群包括送禮的人，是因為這個牌子其實在保溫杯中是一個很不錯的品牌，另外就是這個價格其實還比較貴，一般保溫杯才30到100元不等吧，所以這樣的杯子送人是很有面子的。

BringBring
我覺得之所以目標族群是注重品質，有購買力的，也是因為這個價格和品牌。

很棒，大家有沒有發現，其實從產品本身的設計、用途、價格、品牌都能圈定一部分特定人群？
小魚

好文案是聊出來の討論組

BringBring
> 對。

小魚
> 所以，我們先確定一部分有代表性的人群，這款杯子是買來給孩子用的父母多，還是買來送禮的人多呢？我們挑選一個主要人群。

> 選擇注重品質的父母吧，感覺這個人群會更多一點。

飛飛
> 嗯，可以。

小魚
> 那我們就選擇在「明確說話對象」這一欄裡，填寫上「注重品質、有購買力的父母」。

BringBring
> 嗯，已經填上了。

BringBring

明確說話對象	注重品質、有購買力的父母

小魚
> 好，目標族群差不多確定了，我們繼續填寫下一欄，想要獲得的「文案的變化結果」，我們希望別人看完後產生什麼變化和結果呢？

無邪
> 剁手，買！

BringBring
> 立即購買。

飛飛
> 認同保溫杯的價值，想要立即購買。

好文案是聊出來の討論組

好，我們暫時確定為「認同保溫杯的價值，想要立即購買。」
小魚

BringBring
嗯，填好了：

BringBring

明確說話對象	注重品質、有購買力的父母。
文案的變化結果	看完我們的文案後，他們將認同保溫杯的價值，想要立即購買。

好，接下來重點來了，如果要讓這些父母「認同保溫杯的價值，想要立即購買。」他們需要知道什麼訊息才更容易產生這樣的行為呢？或者說哪些特點會讓別人認可並且立即購買這個保溫杯？
小魚

飛飛
我記得，現在我們要用到小魚老師之前說過的3個篩選賣點的步驟：
將所有賣點列出——按照用戶關注度進行排序——考慮跟競爭對手的差別。

BringBring
@飛飛，哎喲，學霸啊。

靜靜
大品牌，品質絕對沒有問題，保溫效果好。

無邪
外形好看，圖案很可愛。

海豔
這個保溫效果很好，應該能保溫一天的時間，我家有一個。

好文案是聊出來の討論組

小魚

好，那我們先把這些都羅列出來：
第1步：將所有賣點列出。
（1）圖案可愛
（2）600ml大容量
（3）兩個不同功能蓋子，可以替換
（4）保溫長達6小時
（5）有促銷活動
（6）品牌知名度

飛飛

我知道了，接下來我們要做的就是「按照用戶關注度進行排序」。

BringBring

@飛飛，學霸學霸。

小魚

嗯，沒錯，我們接下來站在用戶的角度來篩選，哪個賣點是能讓你覺得可以花300元去買一個保溫杯的理由？我們篩選出重要的三條出來。

無邪

（2）、（4）、（6）

BringBring

（3）、（4）、（6）

飛飛

（4）、（5）、（6）

海豔

（1）、（3）、（4）

你們有沒有發現，有個選項你們都提到了？

小魚

好文案是聊出來の討論組

無邪

4，還有6。

BringBring

對，看樣子大家都比較在乎這個保溫杯的保溫時間和品牌。

對，我們可以再回顧一下我們想要的結果：「立即購買」，什麼因素更容易讓人有想要立即購買的衝動呢？

小魚

飛飛

毫無疑問，肯定是促銷活動啊。

無邪

對，促銷活動會讓人感覺最好現在購買。

靜靜

所以，5選項也非常重要。

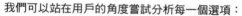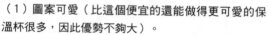

我們可以站在用戶的角度嘗試分析每一個選項：
（1）圖案可愛（比這個便宜的還能做得更可愛的保溫杯很多，因此優勢不夠大）。
（2）600ml大容量（其他的保溫杯也能做到）。
（3）兩個不同功能的蓋子，可以替換（其他保溫杯此類設計不多，值得說）。
（4）保溫6小時（其他保溫杯一般2~3小時，功能性強，值得說）。
（5）促銷活動（這是個可以促進行動的賣點，值得說）。
（6）大品牌值得信賴（大品牌意味著安全）。

小魚

最終，我們就先定下來讓用戶知道的三件事：

小魚

好文案是聊出來の討論組

小魚

保溫時間長、有促銷活動、品牌知名度，接下來這三個選項，進行一下排序，你們會如何排序呢？
（1）保溫時間長達6小時。
（2）有促銷活動。
（3）品牌知名度。

無邪

（1）保溫、（3）品牌、（2）促銷

BringBring

（1）保溫、（3）品牌、（2）促銷

靜靜

（3）品牌、（1）保溫、（2）促銷

海豔

（2）促銷、（1）保溫、（3）品牌

小魚

我首先來說說為什麼不能把選項2促銷活動排列在第一個重點位置，我們知道，這個文案是要寫完後投放在媽媽類的微信公眾號上，你會願意掏299元買保溫杯嗎？

無邪

其實促銷價格並不低。

飛飛

不符合邏輯吧。

BringBring

不會，有一種強迫感 。

靜靜

有錢人不缺錢，在不知道你東西好不好的時候，告訴他促銷，他本身沒有興趣的。

好文案是聊出來の討論組

關鍵是當用戶都不熟悉一個產品的時候，你就讓人家買，這個……是不是沒啥道理啊？
對於大部分人來說，299買個保溫杯還是比較貴的。
如果這個文案是投放在自己品牌的公眾號上，重點說促銷肯定是沒有大問題的，針對的人都是熟悉瞭解這個商品的人，因此一旦有促銷活動，那些本來就有需求的人就會選擇購買。

 小魚

 無邪

對，我們是投放在寶媽微信公眾號上，其實不是所有人都認識這個商品。

 BringBring

所以，前提還是應該讓別人知道這個保溫杯的最大亮點，保溫時間長啊！

 飛飛

如果送禮的話，還是會更注重品牌多一點。

@飛飛，對，關鍵是我們針對的是父母，如果是針對送禮人群，品牌的重要性顯然會更有效。

 小魚

 飛飛

其實主要就是選出對於大部分用戶來說最重要的賣點。

 BringBring

我知道了，所以按照用戶關注度進行排序後，結果是這樣：
（1）保溫時間長達6小時。
（2）品牌知名度高。
（3）有促銷活動。

好文案是聊出來の討論組

飛飛

> 接下來我們可以進入到第三步篩選了：考慮跟競爭對手的差別。

BringBring

> 對，我們將以上幾個賣點跟其他保溫杯對比，哪些賣點是這個保溫杯能做到，但是其他保溫杯做不到的？

無邪

> 我覺得還是那個保溫時間長比較有吸引力，其次還是品牌，最後是促銷。

> 保溫杯一般的保溫時間都是2~3個小時，這個保溫時間長的確是大部分保溫杯無法做到的，因此是值得特別拿出來說的，而且用戶也比較關注。

小魚

BringBring

> 所以，文案GPS出來了：

BringBring

明確說話對象	注重品質、有購買力的父母。
文案的變化結果	看完我們的文案後，他們將認同保溫杯的價值，想要立即購買。
從理性上訊息傳達	（1）保溫時間長達6小時。 （2）品牌知名度高。 （3）有促銷活動。

> 是呢，需要讓別人知道什麼屬理性方面的溝通，我們接下去還要考慮感性溝通，就是我們要讓別人感受到什麼。

小魚

好文案是聊出來の討論組

飛飛
> 感受一般指的是情感、情緒……

無邪
> 讓人感受到值得信賴，安心。

BringBring
> 感覺到自己很會挑啊，是一個明智的媽媽。

靜靜
> 還能感受到大品牌帶來的一些虛榮心的滿足。

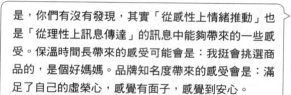
> 是，你們有沒有發現，其實「從感性上情緒推動」也是「從理性上訊息傳達」的訊息中能夠帶來的一些感受。保溫時間長帶來的感受可能會是：我挺會挑選商品的，是個好媽媽。品牌知名度帶來的感受會是：滿足了自己的虛榮心，感覺有面子，感覺到安心。

小魚

BringBring
> 對哦，有促銷活動能夠帶來的感受就會是：我太精明了，能在這麼優惠的力度下買下這個保溫杯。

無邪
> 嗯，@BringBring，你是不是要把最終的文案目標GPS大綱呈上啊。

BringBring
> 嘿，我已經搞定了：

BringBring

明確說話對象	注重品質、有購買力的父母。
文案的變化結果	看完我們的文案後，他們將認同保溫杯價值，想立即購買。
從理性上訊息傳達	（1）保溫時間長達6小時。 （2）品牌知名度高。 （3）有促銷活動。
從感性上情緒推動	杯子還不錯哦，安心，帶出去也挺有面子的。

好文案是聊出來の討論組

好了，一個文案GPS目標大綱是不是就出來了。那麼，接下去要寫的文案，大家還會愁不知道應該寫什麼嗎？

小魚

無邪

大概知道以後要寫什麼了。

BringBring

不會感覺沒東西寫。

飛飛

我發現了一個問題，我經常寫著寫著就不知道寫到哪裡了，如果把這個目標大綱拿出來看看，這樣可以及時調整方向，文案內容就不會跑偏。

沒錯。值得注意的是這個大綱內部之間也是有關係的。

小魚

明確說話對象，需要初步劃定目標族群，文案的變化結果，重點在釐清楚文案目標，我們想要對方看完後產生什麼變化或者行動，如果要獲得這個結果，我們需要讓對方知道什麼訊息，感受到什麼訊息。這樣梳理下來，就會找到了文案的內容方向。保證以後的文案不會跑偏方向，也會讓文案變得更有目標性。

小魚

無邪

我準備好好回去改我的作業了。

BringBring

再見，我要去寫我的文案目標大綱了。

? 考考你

XX面膜是很多明星都在用的平價面膜，現在需要在時尚類的微信公眾號上投放一篇文案，希望能夠促進銷量，你能給這個文案寫一個目標文案大綱嗎？

文案GPS目標大綱（表格填寫版）

明確說話對象	
文案的變化結果	看完我們的文案後，他們將……
從理性上訊息傳達	1. 2. 3.
從感性上情緒推動	1. 2. 3.

「說什麼比如何說更重要，訴求內容比訴求技巧更為重要。」

——大衛·奧格威

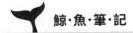 鯨·魚·筆·記

（1）不達目標的文案都是耍流氓：
文案首先要做到的不是言辭精美，而是精準傳達出訊息，能夠釐清楚要讓用戶產生什麼改變，要產生這個改變，需要讓用戶知道什麼訊息，感受到什麼？這個思考在文案創作前非常重要，決定了未來文案創作創意的方向。

（2）廣告中所有元素，都應該為目標服務：
就像那個網易嚴選的廣告，沒有任何一個設置是多餘的，所有的平面設計、促銷廣告設計、文案都在為目標而服務。

（3）當賣點很多時，不知道應該重點說哪些時，可以用這三步驟進行篩選：
將所有賣點列出——按照用戶關注度進行排序——考慮跟競爭對手的差別。

第三章

1 個工具找對
文案溝通對象

好文案能準確吸引到潛在用戶。那麼
我們應該如何找到他們？知道他們的
喜好？找到他們與我們文案之間的
關係？

你以為的目標族群很可能都是錯的

 老闆，我們新款真絲襯衫的目標族群應該
是哪些人啊？

當然是所有人！女人要穿，男人也可以買
來送給女人。

…… ……

是不是覺得老闆說的話沒錯，我們先來看個小故事：

美國西點軍校的一位教官問一批新入學的學員：「指揮官最重
要的能力是什麼？」

一學員舉手：「溝通能力！」

教官：「不是！」

另一學員急忙搶答：「個人魅力！」

教官：「不對！」

全班鴉雀無聲，教官嚴肅道：「看清楚哪裡才是真正的戰
場！」

文案創作最重要的能力就是找到真正的目標族群。看準了目
標，我們的文案這枚子彈的命中率才會更加準確。

　　我們所說的目標族群指的就是我們的商品是賣給誰的，文案寫給誰看 。只有把溝通對象提前確定，你才知道應該用什麼方式跟別人溝通，知道應該跟對方說什麼。

　　往往做產品的人都覺得自己產品可以賣給所有人，但當你把所有人當作自己的目標族群時，人群畫像就是模糊的，反而不知道應該對他們說什麼。

　　如果一個商品是面對所有人的，側面說明這個商品滿足的也只是最低的需求標準，商品一般都比較簡單而且可能毫無特色。

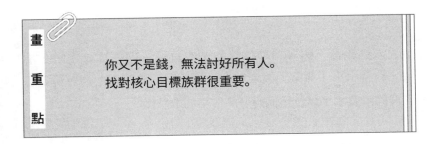

畫重點

你又不是錢，無法討好所有人。
找對核心目標族群很重要。

　　寫文案前，我們有必要弄清楚目標族群是誰，這會讓後期文案創作更有針對性，更容易找到觸動目標族群的消費痛點。即使是同一個品牌的不同產品，面對的人群痛點都是不同的，自然文案也會有所不同。

　　我們可以通過目標族群的工具表找到我們想瞭解的目標族群：

類型及關係	人群特徵填寫處	參考選項
人群標籤		性別、年齡、地域、教育水平、職業、收入狀況、婚姻狀況

人群喜好		興趣愛好、購物喜好、價值觀
待滿足需求		我們商品或品牌能夠滿足人群的哪些需求
與本品類的關係		使用和購買該品類的頻率
與本品牌的關係		使用和購買該品牌的頻率
對我們廣告的印象		認不認識、有沒有印象、知道是做什麼的

我們從六個方面進行描述：

人群標籤：明確目標族群的基本特徵，如性別、年齡、地域、教育水平、職業、收入狀況、婚姻狀況等，這些內容決定了人群的消費水平以及他們對商品價格的敏感度。

人群喜好：明確目標族群的興趣愛好，他們喜歡做什麼，喜歡在哪裡購買商品，一般上哪些網站，用哪些APP，也包括他們的價值觀，如他們崇尚什麼，他們拒絕什麼；這些決定了我們的廣告文案應該出現在哪裡會更容易被他們看到，我們應該說什麼才更容易引起他們的共鳴。

待滿足需求：我們的商品或品牌能夠解決目標族群的哪些需求？如一款像素更高的手機需滿足了用戶想要拍出更清晰照片的需求。

與本品類的關係：這些人通常使用和購買這類商品的頻率是多少？從來沒有購買以及購買過的人消費痛點一定是不一樣的，我們文案要表達的內容也肯定不一樣。假如別人從來沒購買過這個品類，那我們的文案要會側重在告知，告訴別人這個品類是什麼，能夠解決什麼問題，我們的商品為什麼值得購買。但如果他們經常購買，我們則要考慮，對他們來說我們的商品與其他同類商品的區別在哪？憑什麼要在這麼多同類商品中選擇我們。

與本品牌的關係：這些人使用和購買我們品牌的頻率是多少。或者他們從來都沒有使用過，僅僅是聽說過我們的品牌，又或者是我們的忠實顧客。他們與品牌的關係，決定了我們的廣告是否需要突出說明品牌，如果他們不認識我們的品牌，文案需要考慮如何讓人信任我們品牌，如果他們都比較熟悉我們品牌，則可考慮其他的文案。

對我們廣告的印象：他們有沒有看過我們的廣告？對我們廣告的印象是什麼樣的？這樣的印象是否是我們想要的效果？是否需要改變之前的廣告印象？這些都需要考慮。

人群標籤、人群喜好主要是對人群基本屬性進行描述，這一部分有助於找到我們跟目標族群溝通的方式。

待滿足需求、與本品類的關係、與本品牌的關係、對我們廣告的印象幫助我們找到品牌跟目標族群之間的關係，釐清這些內

容後目標族群也會更清晰，接下來文案要跟他們說什麼內容，用什麼方式說，在哪裡說都能夠逐步找到脈絡。

我想通過案例讓大家更快速地掌握這個技巧，如一台車是如何結合自身賣點以及目標族群找到文案切入點的。

一款車如何通過瞭解目標族群，找到文案切入點？

別克旗下有不少車型，不同車型面對的人群不同，文案的切入點也不一樣。接下來我們看看別克的不同車型是如何針對不同人群來寫文案的。

首先看看別克昂科威，這是一款全能中型SUV，價格在20萬~30萬元之間，什麼人買這個車型呢？顯然不會是剛畢業參加工作的人，畢竟價格比較高。針對這樣的人群，可以一個具體的目標族群分析。

另一方面，昂科威上市的時候，市場上同類競品已經有很多了，其中大眾途觀在市場上表現很好，每月銷量都有數萬輛，在這種情況下，昂科威該怎麼做才能提高銷量呢？先來看看目標族群分析：

類型及關係	人群特徵填寫處	參考選項
人群標籤	男性居多；70後社會中堅、事業有成的人；大部分是公司的中高層，有一定經濟能力	性別、年齡、地域、教育水平、職業、收入狀況、婚姻狀況

人群喜好	平時喜歡運動；閒暇時間看新聞；關注理財、汽車類網站；也會聽點音樂；工作中也經常要出差，會用一些旅行類的 APP；認同人的奮鬥精神	興趣愛好、購物喜好、價值觀
待滿足需求	差不多的價格，買到性能更好的車	我們商品或品牌能夠滿足人群的哪些需求
與本品類的關係	一直在關注同類的 SUV，對這個價位各品牌都比較熟悉	使用和購買該品類的頻率
與本品牌的關係	知道別克這個品牌，昂科威之前沒有聽說過	使用和購買我品牌的頻率
對我們廣告的印象	安全、舒適、用料厚道；廣告做的都挺不錯的	不認識？認識？有印象？知道是做什麼的

　　基於產品特點和人群特點，最終昂科威選擇了「強大」這一關鍵詞。宣傳自己比競爭對手多10%精神，除了價格。

　　產品本身滿足的需求就是「差不多的價格，買到性能更好的車」，配合這一部分人群 「中產階級，事業有成，並且也還在奮鬥的路上」 的特點，2017年至2018年昂科威廣告文案都分別圍繞著「強大」這個關鍵詞做進一步延展——

　　2017年電視廣告文案：
　　要走到哪一步，才算強大。
　　當同行的人越來越少，你會繼續麼？
　　當所有努力，只能換來一點點改變，你還會堅持麼？
　　從未質疑過自己的人，不會懂什麼是強大。
　　強大，是看似微不足道之處的苦苦掙扎，
　　是對不完美的天生恐懼，
　　是對極限永遠的懷疑，
　　真正的強大是偏執，是叛逆，是欲望，是為了每一毫米的改變，搏出全力！

　　2018年電視廣告文案：
　　沒有人聽得到，你上場前一秒的心跳。
　　沒有人看得見，為了贏得一個簡單肯定，你在內心否定過自己多少回。
　　再強大的人也會被超越，舒適圈裡的每一秒都充滿危險。
　　跨出去，
　　在黑暗深處，尋找新的光亮。
　　在與自己的較量中，掌控向前的力量。

你目光堅定，碾過腳下一切不確定。

強大沒有終點，

它只在你永遠向前的路上。

強大，是你覺得自己還不夠強大。

　昂科威主張奮鬥精神，這很契合目標族群的價值觀，也更容易引起他們的共鳴。並且在廣告宣傳管道上，選用的也是這類人常去的一些網站和APP。

　　昂科威通過在各類新聞網站、音樂類網站、旅行類網站、理財類網站、汽車網站等做推廣，70天的推廣收集到相當於別克全品牌1個月的試駕註冊數。

　　最終昂科威上市第1個月不到10天，銷量達2900輛，上市第3個月銷量破萬。昂科威憑藉單一車型就達到月銷量過萬的成績，在競爭形勢嚴峻的中型SUV市場中一騎絕塵。上市近6個月後，銷量接近5萬輛，穩定佔據了SUV的標杆地位。

　　從產品本身的特點出發，就能倒推出目標族群的大致範圍，既而找到文案切入點，後期廣告推廣和投放也會更精準。

　　你可以想像一下，如果這是幾百萬元一輛的車，目標族群還是這些人麼？答案顯然是否定的，產品本身決定了目標族群是誰。

　　同樣是別克的SUV昂科拉，目標族群與昂科威也有所不同，最終文案呈現也不一樣。

　　昂科拉是一款小型SUV，價格比昂科威少10萬元左右，目標族群的年齡也比昂科威小。昂科拉於2012年上市，定位的目標族群是80後。基於SUV的特徵，可以推導出目標族群：

類型及關係	人群特徵填寫處	參考選項
人群標籤	80 後職場人士，收入正在逐步增加，有一定積蓄，但不多	性別、年齡、地域、教育水平、職業、收入狀況、婚姻狀況
人群喜好	QQ、微信、微博使用頻率很高，閒暇時喜歡看娛樂節目、看電影、聽音樂、旅行等；性格張揚；崇尚自由、激情	興趣愛好、購物喜好、價值觀
待滿足需求	入門級的價格能夠買一輛有點個性的車	我們商品或品牌能夠滿足人群的哪些需求
與本品類的關係	一直在關注同類的 SUV，對這個價位各品牌都比較熟悉	使用和購買該品類的頻率
與本品牌的關係	知道別克這個品牌，昂科拉之前沒有聽說過	使用和購買我品牌的頻率
對我們廣告的印象	安全、舒適、用料厚道，廣告做的都挺不錯的	不認識？認識？有印象？知道是做什麼的

　　昂科拉主要針對80後推出廣告語：「年輕就去SUV」，實際上別克內部曾對「年輕就去昂科拉」和「年輕就去SUV」進行討論，到底怎麼說會比較好，起初他們也曾經擔心「年輕就去SUV」如傳播不利就是在為他人作嫁衣，但經過多次討論最終還是選擇用這條，SUV不僅代表一個汽車類型市場，也代表了「年輕人的SUV」這樣一個產品定位，同時SUV也承載了80後們的開拓、勇氣、自由、激情等情感元素，這同時也是產品特色和人群特色的融合。

　　昂科拉在廣告宣傳片中，通過不同年份出生的6個80後年輕人的獨白傳達了昂科拉的品牌態度，這引發了年輕人的共鳴。比如：「兩點之間直線最短，馬路牙子也擋不住我」「前進的方向由我決定，跟著別人走，沒門」「我們這代人最幸運的地方就是，你想追求自由，又有追求自由的能力」。

這些廣告片完全放棄電視廣告投放，這是別克唯一一款沒有投放電視廣告的產品。全部投放在年輕人常出沒的網站、電影院，甚至還與愛奇藝聯合推出《說走就走，我們愛旅行》戶外旅行節目等。目標族群在哪裡，廣告就出現在哪裡。

產品特點、類型、價格決定了目標族群，目標族群也決定了廣告文案要對這類人說什麼才能更容易打動他們。

看樣子，分析目標族群之前得先熟悉自己的商品，否則目標族群還找不對呢。

必須的！

2個方法, 助你找對目標族群

同樣是一瓶水，價格不同，目標族群是一樣的嗎？
同樣都是裙子，款式不同，目標族群是一樣的嗎？

如何找到商品的目標族群？

一是需求，找到哪些人有此類商品需求；二是現有顧客，找到都是哪些人在買。

一般新產品從需求出發，老產品從現有顧客中找。

從需求出發，找到目標族群

產品能夠滿足哪些需求，而有這部分需求的人會是誰呢？一瓶1塊錢的水和一瓶20元的水滿足的需求都是一樣的嗎？

顯然，這兩瓶水都可以滿足「口渴需要喝水」這一需求，但兩瓶水的人群特徵卻會有所不同，購買1塊錢一瓶的水是為了解渴，而購買20元一瓶的水，除了解渴還有情感需求，他們希望突出身分、地位以及經濟實力，可以用來凸顯自尊和優越感。在需要體現身分的場合，大部分人會傾向於選擇20元一瓶的水。

水的普適性比較強，我們不容易找到目標族群的年齡、性別、職業等，但卻能找到人群的共性需求。

又如同樣是裙子，款式不同對應的目標族群也不同。一件基本款的裙子滿足女性的基本穿著；一件公主紗裙滿足的是擁有浪漫情懷的女孩，年齡階段也會較為集中；棉麻質的裙子滿足的是帶有文藝氣質，崇尚材質天然的女性；蕾絲低胸緊身裙滿足的是追求性感以及敢於展示身材的女性；如果是一件剪裁考究、面料昂貴的晚宴禮服滿足的則是需要參加宴會，體現身分的女性。針對不同特徵的女性，文案的表達方式都會有所不同。

考考你

測測你對目標族群的敏感度：

眼霜價格有幾十元到幾千元不等，現在你手上有一款1000元

抗皺眼霜，主要在美容院銷售，你覺得目標族群應該是怎樣的？可以嘗試填寫目標族群表：

類型及關係	人群特徵填寫處	參考選項
人群標籤		性別、年齡、地域、教育水平、職業、收入狀況、婚姻狀況
人群喜好		興趣愛好、購物喜好、價值觀
待滿足需求		我們商品或品牌能夠滿足人群的哪些需求
與本品類的關係		使用和購買該品類的頻率
與本品牌的關係		使用和購買我品牌的頻率
對我們廣告的印象		不認識？認識？有印象？知道是做什麼的

從現有顧客中, 用調查問卷的方式找到目標族群

如果你的商品已經在市場上賣了一段時間，現有購買人群顯然已經用行動表示他們就是你的目標族群。我們可以通過調查問卷的形式來獲得訊息。

目前網絡上有各種調查問卷的工具可供使用，如問卷星、騰訊問卷、調查派、問卷網、金數據、麥客等。

如何通過分析目標族群找到文案切入點

我曾帶著一些學員幫企業提供文案策劃，這些學員的本職工作有做銷售的、做產品的、做財務的，還有一位是晶片工程師，當然也有本來就是做文案的。工作流程是我和小助手跟企業對接，釐清楚文案目標，收集整理好文案需求然後發佈任務──大家寫文案──企業選一個合格的文案使用──給被選用人獎勵。

我原本以為有經驗的人被選用的概率更大，但這一次我們的晶片工程師拿走了獎勵。

那次我接受了一個嬰兒枕天貓店「易居」店主的委託，幫他寫一個文案策劃，他有一款嬰兒定型枕，剛出生寶寶使用可以預防頭部睡扁或睡偏的情況，6個月以內有頭型問題的寶寶，使用定型枕也有矯正效果。但他現在卻要面對很多一兩歲頭型有問題的媽媽們。超過1歲的寶寶的頭骨基本定型，這時候矯正已經過了最佳時期。所以他希望能夠讓那些寶寶還在肚子裡的媽媽和孩子在6個月以內的媽媽來購買，而不是等到過了這個時期才考慮寶寶頭型問題。他希望商品描述能夠傳達出這個概念。

另外，他還希望可以提高頁面轉化率。什麼是轉化率呢？如原來進入頁面有100人，其中1人購買了，那轉化率就是

1%，提高轉化率也就是希望在同樣的流量下有更多人購買嬰兒枕。現有的轉化率不高則說明現在文案沒有解決掉目標族群的顧慮。

既然是這樣，那麼文案就得解決這兩個問題：

（1）讓媽媽知道寶寶在0~6個月的時候是最佳使用定型枕的時期；

（2）解決媽媽的顧慮，提高頁面轉化率。

不得不說，這對學員來說是一個很大的挑戰，第一個問題還好解決，大家都知道要去想辦法傳遞出0~6個月嬰兒用定型枕很有必要。但第二個問題「解決媽媽的顧慮」，對大家來說就有點難了，畢竟大家都沒有做過爸爸媽媽，怎麼會知道這些人的顧慮呢？大家拿到的目標族群分析也都是一樣的（見下表），甚至根本沒看到有相關顧慮（畢竟這還是需要自己深入一步去思考的）。

類型及關係	人群特徵填寫處	參考選項
人群標籤	25~35 歲，受過高等教育的有 0~6 個月寶寶的媽媽	性別、年齡、地域、教育水平、職業、收入狀況、婚姻狀況
人群喜好	喜歡瀏覽各類育兒論壇、喜歡網購而且總是貨比三家。希望給寶寶買的東西都是最好的	興趣愛好、購物喜好、價值觀
待滿足需求	害怕孩子頭型有問題或者頭型已經有問題了想要一個定型枕	我們商品或品牌能夠滿足人群的哪些需求
與本品類的關係	之前從來沒有買過，也沒有購買經驗	使用和購買該品類的頻率

與本品牌的關係	沒有聽說過	使用和購買我品牌的頻率
對我們廣告的印象	剛認識，似乎做嬰兒枕比較專業，有專利技術	不認識？認識？有印象？知道是做什麼的

　　文案切入點應該是什麼？如果僅僅是按部就班地寫這個商品文案，羅列枕頭賣點，未必能夠解決媽媽顧慮。

　　我們的晶片工程師賊賊就去問了身邊的媽媽們：「什麼情況下會考慮購買一個嬰兒定型枕？買定型枕會有哪些顧慮？」結果她發現這樣一個事實：兒科醫生建議一歲以內寶寶不要用枕頭，因為枕頭高度會影響寶寶的脊椎發育。賊賊就把這個內容做為文案的一個重點來闡釋。

　　最後她的文案有3個亮點：

　　（1）文案開頭重點強調0~6個月使用定型枕的必要性。從嬰兒頭部發育特點說起，有理有據，吸引這個月齡段媽媽的注意，並且也能降低那些一兩歲要糾正頭型的媽媽的預期。
　　（2）根據枕頭的設計特點打消媽媽的顧慮，重點提出：「頸椎部位僅0.3cm，就是一條毛巾對折的厚度」。
　　（3）考慮到媽媽們喜歡貨比三家，於是乾脆直接幫她們對比了我們這個枕頭和其他同類枕頭設計的特點。

憑藉以上三點打動了易居，賊賊最終拿到了本次文案的獎勵。

目前賊賊已經從晶片工程師成功轉型為一家網路上市公司的內容營運官。

我們討論組也對這個現象進行了討論：

好文案是聊出來の討論組

靜靜
> 我拿到任務時，還真沒想過在目標族群分析表基礎上深入挖掘。

飛飛
> 是呢，賊賊對目標族群、產品本身的研究都下了很大的工夫。

小國寶
> 不過我有個疑問，做為一個商品詳情描述文案，應該還有商品賣點的說明吧？怎麼可能只說三點就夠了？

> 是的，描述商品的賣點是商品詳情文案必不可少的一部分，但是電商頁的商品描述還要考慮到用戶的顧慮，如何通過詳情描述去解決這些顧慮，這就是賊賊做得好的地方。

小魚

小國寶
> 哎呀，都怪我手太快，拿到任務就寫，我應該多花點時間去研究產品和人群，這樣文案才能更容易打動我們的目標族群！

「我總是用客戶的產品。這並不是詔媚奉承，而是良好的基本態度。」
——大衛·奧格威

奧格威老爺子這麼說是有道理的，我們只有用了客戶產品，才知道這個產品的好和壞，才能站在用戶的角度來思考。

學完就用：找對目標族群, 寫出爆款文案

給真絲襯衫找目標族群

給天貓女裝店一件真絲襯衫的基本款寫文案，襯衫售價398元，設計很簡單，沒有任何多餘裝飾，對這個市場不是很熟悉的你，肯定在網上看到過很多類似的真絲襯衫，售價從100元到500元不等，為了瞭解這個市場，你還順便去了線下商場，看到一般商場裡的真絲襯衫基本都要1000元以上，此時此刻，你會如何描述你的目標族群？

嘗試把目標族群表填一下：

類型及關係	人群特徵填寫處	參考選項
人群標籤		性別、年齡、地域、教育水平、職業、收入狀況、婚姻狀況
人群喜好		興趣愛好、購物喜好、價值觀
待滿足需求		我們商品或品牌能夠滿足人群的哪些需求
與本品類的關係		使用和購買該品類的頻率

與本品牌的關係		使用和購買我品牌的頻率
對我們廣告的印象		不認識？認識？有印象？知道是做什麼的

寫完後，我們再繼續看文案討論組的學員是怎麼討論的：

好文案是聊出來の討論組

小國寶

> 毫無疑問，在人群標籤裡，我看出來了一個：性別是女！

靜默

> 性別是男也有可能嘛。如像我這樣的暖男，就會給女友買真絲襯衫。

無邪

> 小魚老師之前說過的要抓住主要人群。我想著像我們靜默哥哥這麼暖的人，對一個天貓女裝店來說不算主要目標族群。

小魚

> 那麼問題來了，是哪個年齡段的女性呢？可以給大家同時對比一下一件398元的真絲襯衫和一件38元仿真絲的襯衫，這兩件襯衫的購買人群是一樣的嗎？

好文案是聊出來の討論組

小國寶

肯定不同啊。價格擺在這呢，再說材質也不同。

海豔

是的，購買398元的女性應該是已經進入職場多年了，年齡在25~35歲之間，購買38元襯衫的女性感覺可能是大學生或者是剛畢業不久的人，但是需要穿比較正式一點的衣服，年齡應該是18~25歲之間吧。

無邪

而且她們關注的點都不同，購買38元的肯定是在關注「性價比」。

飛飛

購買398元襯衫的人也重視性價比，只是更追求衣服材質。她們月收入估計在10 000元左右。

小國寶

購買真絲襯衫說明有一定的經濟實力，並且需要穿出質感。

靜默

其實要說穿起來有面子，我覺得去商場買名牌會更有面子。

無邪

是呢，如果真的要追求面子，她們還是會去買知名品牌。

小國寶

所以，目標族群的標籤可以確定下來：

小國寶

類型及關係	人群特徵填寫處	參考選項
人群標籤	女，25~35 歲，普通 白領，月收入 10 000 元左右	性別、年齡、地域、教育水平、職業、收入狀況、婚姻狀況

好文案是聊出來の討論組

海豔

我覺得會購買價值398元真絲襯衫的人，教育水平估計在大學以上。

小國寶

對，那可以把教育水平也寫上。

小國寶

類型及關係	人群特徵填寫處	參考選項
人群標籤	女，25~35 歲，普通白領，大學畢業，月收入 10 000 元左右	性別、年齡、地域、教育水平、職業、收入狀況、婚姻狀況

接下來我們看看目標族群的第二項「人群喜好」。你們覺得這樣的人有哪些興趣愛好呢？購物喜好又是怎樣的？他們的價值觀又是怎樣的？

小魚

小國寶

我身邊有個大姐姐是28歲，在書法教育公司做老師，月收入10000元以上，下課後會刷微博、微信，平時喜歡去咖啡館喝咖啡，週末也會跟幾個朋友一起去看電影，有時候還會去約會。

飛飛

我怎麼發現白領們的興趣愛好都那麼相同呢？我自己本人其實是符合人群標籤的，就像小國寶說的，我平時也就喜歡做這些事。

小國寶

我忽然發現瞭解興趣愛好後，還可以運用在後期文案裡。比如可以體現這件衣服不僅僅可以穿去工作場合，下班去喝咖啡、看電影也很適合。

好文案是聊出來の討論組

海艷

> 小國寶厲害了。

靜默

> 做為一個在天貓店銷售的衣服，面對的人群肯定是喜歡上網買衣服的人。

飛飛

> 其實也不排除是看到商場裡的衣服挺好，所以上網來看看有沒有品質款式差不多，但是價格優惠不少的襯衫。

小國寶

> 那目標族群的價值觀是：只買對的，不買貴的！

無邪

> 小國寶說得很對，我覺得人群的價值觀應該還有：衣服材質很重要，品牌知名度什麼的就不太在乎。

小國寶

> 差不多，購物喜好和價值觀也都出來了：

小國寶

類型及關係	人群特徵填寫處	參考選項
人群標籤	25~35 歲，普通女性，白領，上過大學，月收入 10 000 元左右	性別、年齡、地域、教育水平、職業、收入狀況、婚姻狀況
人群喜好	經常刷微博、微信、看電影、泡咖啡館；信奉只買對的，不買貴的，對品牌知名度並不在意。	興趣愛好、購物喜好、價值觀

好文案是聊出來の討論組

鯨魚

所以接下來應該討論「待滿足需求」了。

海豔

其實經過剛剛的討論,「待滿足需求」已經很明顯了,就是想要一件材質好,價格還合適的衣服。

小國寶

好,速度補上。

小國寶

類型及關係	人群特徵填寫處	參考選項
人群標籤	女,25~35 歲, 普通白領,上過大學,月收入 10000 元左右	性別、年齡、地域、教育水平、職業、收入狀況、婚姻狀況
人群喜好	經常刷微博、微信;看電影;逛咖啡館……會去逛商場,但更願意為那些品質好,性價比高的衣服買單;信奉只買對的,不買貴的,對品牌知名度並不在意	興趣愛好、購物喜好、價值觀
待滿足需求	想要一件材質好,價格能夠接受的真絲襯衫	我們商品或品牌能夠滿足人群的哪些需求

好文案是聊出來の討論組

好，接下來看看與本品類、本品牌的關係以及對我們廣告的印象。
小魚

小國寶
其實我感覺與本品類的關係感覺很模糊⋯⋯

與本品類的關係就是用戶什麼時候會用我們這個品類。如我們這個真絲襯衫大部分情況下是在目標族群覺得需要一件有質感、適合上班的基礎款襯衫的時候會買。
小魚

無邪
也可能需要一件基礎款襯衫搭配衣服。

飛飛
還有可能是在逛商場的時候，看到同類真絲襯衫昂貴的時候⋯⋯

穿著場景會引起相關的需求，就好像我們去海邊的時候，覺得自己有必要準備泳衣、防曬衣、防曬霜一樣。那繼續討論與本品牌的關係。
小魚

靜默
偶然看到了這個品牌，重點是認可衣服的材質和款式。

小國寶
好的，那總結一下就是：

小國寶

類型及關係	人群特徵填寫處	參考選項
人群標籤	25~35 歲，普通女性，白領，上過大學，月收入 10000 元左右	性別、年齡、地域、教育水平、職業、收入狀況、婚姻狀況

好文案是聊出來の討論組

小國寶	人群喜好	經常刷微博、微信；看電影；逛咖啡館……會去逛商場，但更願意為那些品質好，性價比高的衣服買單；信奉只買對的，不買貴的，對品牌知名度並不在意。	興趣愛好、購物喜好、價值觀
	待滿足需求	想要一件材質好，價格能夠接受的真絲襯衫	我們商品或品牌能夠滿足人群的哪些需求
	與本品類的關係	上班時穿，方便搭配，會重複購買	使用和購買該品類的頻率
	與本品牌的關係	沒聽說過，大部分用戶是第一次知道有這個牌子	使用和購買我品牌的頻率
	對我們廣告的印象	剛認識，做真絲襯衫材質似乎還不錯	不認識？認識？有印象？知道是做什麼的

那麼，有了這麼完整的人群訊息，我們的文案該怎麼創作呢？

小魚

好文案是聊出來の討論組

海豔

因為在乎材質和款式，所以一定要重點突出我們是真絲的，給出足夠的證據說明這一點，給出不同的搭配效果，告訴她，我們的款式的確很百搭。

靜默

可以給出鑑定真絲的方法，讓她知道如何鑑別。

整體方向沒錯，但也要考慮我們的文案運用場景、文案的目標是什麼。如果是這個襯衫的商品描述文案，可以把這些內容加上。

小魚

飛飛

其實做海報也有了大致的方向，重點體現真絲、款式。

是的，但不管文案目標是什麼，我們也大概知道如何跟目標族群「對話」。

小魚

無邪

對，因為知道要說話的對象是誰，她喜歡什麼，在意什麼，所以跟她說話更容易打動她。

敲黑板

判斷寫文案前，一定要想清楚我們的目標族群是誰。

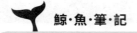 鯨·魚·筆·記

（1）找對你的說話對象（目標族群），會更有利於後期文案創作。也會讓你的廣告文案更容易被接受。如京東天貓去農村做的刷牆廣告，這個說話對象和廣告投放地點都決定了文案應該怎麼說。另外，不要太貪心，想要抓住所有人群，這樣往往容易讓文案創作沒有焦點。

（2）怎麼找對目標族群？我們從6個方面來描述分析：

①人群標籤：

基本特徵如性別、年齡、地域、教育水平、職業、收入狀況、婚姻狀況，這些內容，決定了人群的消費水平，對商品價格的敏感度等。

②人群喜好：

他們喜歡做什麼，喜歡在哪裡購買商品、一般上哪些網站，用哪些APP，他們的價值觀：崇尚什麼，拒絕什麼。

③待滿足需求：

我們的商品或品牌能夠解決該人群的哪些需求？

④與本品類的關係：

這些人通常使用和購買我品類的頻率是多少？從來沒有購買以及購買過的人，面臨的問題一定是不一樣的，我們要

說的內容，也肯定不一樣。根據不同的關係，也能決定我們未來應該跟他們說什麼。

⑤與本品牌的關係：

這些人使用和購買我品牌的頻率是多少？或者從來都沒有嘗試過，僅僅是聽說過我們的品牌？又或者是我們的忠實顧客？關係不同，說的話也不同。

⑥對我們廣告的印象：

他們看過或者沒看過我們的廣告，對我們廣告的印象是怎樣的？這樣的印象是否是我們想要有的？是否需要改觀之前的廣告印象？這些都需要考慮。

其實在分析的過程，腦海中就會蹦出不少文案可以寫作的點。

（3）分析目標族群時，也能找到文案切入點。

重點是要對商品、對目標族群足夠熟悉，知道我們的產品優勢，知道用戶對於我們產品的看法、顧慮，你的文案切入點，自然就會浮現上來。說到底，考驗的還是你有沒有做足工作。就像小魚老師所說的那個晶片工程師給嬰兒枕找的切入點。

第四章

3 個方法找到
文案寫作方法

工作中常需要寫一些短文案，比如：
海報文案、標題、廣告語等。在這裡，
給你 3 個方法、6 個文案模版，讓你
輕鬆寫出滿意的短文案。

與你相關：2個文案框架讓人忍不住想買

這兩個關於節能電池的標題文案，哪個更能打動你？

A.全新設計，節省50%能量
B.全新設計，為你節省50%成本

思考3秒再接著看下去。

A、B選項指的是商品的同一個賣點，只是表述角度不同，A選項側重說明產品有多好，B選項則側重說明能給用戶帶來的好處。大部分人都更容易被B選項打動，畢竟節省成本與自己是息息相關的。看完A選項的文案，用戶還需要再進一步思考：「這個賣點對我來說有什麼好處？」而B選項則直接幫用戶省略了這一步，「哦，這個設計可以給我節省成本」的概念更容易進入用戶大腦。

大部分情況下，文案創作者和用戶常常關注的點會不一樣，文案創作者想體現商品的特點，而用戶未必會關注你商品好在哪裡。

所以，我們要說的寫商品文案的方法就是：與「**你**」相關。

「你」指的就是用戶，文案要與用戶有關聯，我們要站在用戶的角度思考、創作。如何在文案中做到這一點呢？我們有兩個文案框架可以用：「賣點+收益點」「運用標籤」。

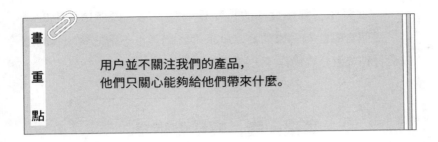

「賣點+收益點」，商品海報文案必備框架

「賣點」就是產品的特點、優勢，「收益點」就是這個賣點能夠帶來的好處或者價值。如某品牌手機主打的賣點是前後攝像頭都是2000萬像素，而這2000萬像素帶來的好處就是能夠讓用戶拍照更清晰，它的海報文案（廣告語）是「前後2 000萬，拍照更清晰」。

我們再來看幾個「賣點+收益點」的海報文案：

一雙運動鞋的特點是柔軟輕盈，而這個賣點能夠給用戶帶來的好處是讓雙腳更舒適。於是，它的海報文案就是：

柔軟輕盈，	讓雙腳更舒適
賣點	收益點

　　一款嬰兒營養輔食機的特點是一機多用，既能攪拌也能蒸煮，這個賣點能夠帶來的好處就是媽媽們再也不用把做輔食的攪碎食材和蒸煮分開操作了，於是會有了這樣的文案：

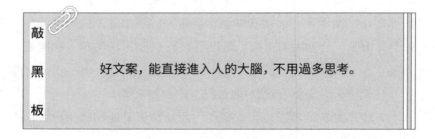

蒸攪一體，輕鬆做輔食

賣點　　　　　收益點

敲黑板

好文案，能直接進入人的大腦，不用過多思考。

　　結合「賣點+收益點」來寫，不僅能體現產品的特點，更能突出商品與用戶之間的關聯，容易讓用戶感同身受。

？考考你

　　（1）假如你負責一條裙子的海報文案，請為以下這些賣點找到合適的收益點，最後按照「賣點+收益點」的框架，提煉出你的海報文案。

裙子賣點是「真絲」的，能帶來的好處：_____

提煉文案為：_____

_____

裙子賣點是「修身」的，能帶來的好處：_____

提煉文案為：_____

_____

裙子賣點是「蕾絲鏤空」的，能帶來的好處：_____

提煉文案為：_____

_____

裙子賣點是「碎花」的，能帶來的好處：_____

提煉文案為：_____

_____

裙子賣點是「一字領」的，能帶來的好處：_____

提煉文案為：_____

_____

（2）你覺得以下哪個標題運用的是「賣點+收益點」？

A.服裝：千元品質，百元價格

B.毛巾：3秒吸水，殺菌無刺激

C.掃地機器人：智商高，掃得乾淨掃得快

D.平衡車：讓每次出發，都成為一種期待

運用這個方法時，你可能會遇到這樣的問題：

好文案是聊出來の討論組

無邪 我用「賣點+收益點」的方法寫了一個海報文案：有點貴，逛街回頭率卻高出99%。

海豔 好棒。

靜默 無邪小姐姐厲害了。

無邪 老闆說這個海報文案是我們店舖迄今為止點擊率最高的。

恭喜無邪。還有其他小夥伴做過「賣點+收益點」的練習嗎？
小魚

小國寶 我有，發給大家看看：少兒書法班，讓孩子愛上書法。怎樣？

鯨魚 按照「賣點+收益點」，小國寶的「少兒書法班」就是賣點，收益點就是「讓孩子愛上書法」，但是總感覺哪裡有點怪。

是的，「少兒書法班」只是一個產品名，並非賣點，我繼續按照小國寶的思路來寫2個：「XX產品，讓你永保青春」「XX鋼筆，更順暢的書寫體驗」。

小魚

小國寶 感覺也可以啊，經常看到很多廣告語這麼寫。

是的，廣告語這麼寫沒有大問題，能直接讓別人知道這個品牌是做什麼的，但是放在商品海報文案上，說服力就差很多。

小魚

好文案是聊出來の討論組

小魚

> 好比我給小國寶介紹對象，我說這個小夥子挺善良的未必會觸動你，但是如果我說，小明上次在路邊撿到一隻受傷的流浪貓還專門送去寵物醫院救治，是個善良的小夥子。

小國寶

> 啊，我知道了，說送受傷流浪貓去醫院更加具體，更能讓我感受到小明的善良。

小魚

> 對，所以我們的商品海報文案追求的也是儘量具體的描述：
> 「XX產品，讓你永保青春」不如「XXX成分，修護肌膚，讓皮膚更有彈力」；
> 「XX鋼筆，更順暢的書寫體驗」不如「XX工藝特製筆尖，更順暢的書寫體驗」。

小國寶

> 明白了，寫的賣點要足夠具體，我們的海報文案才會更有說服力。

海豔

> 嗯。

無邪

> 對，之前還沒特別注意過。

小國寶

> 其實這個少兒書法班很大的優勢在於遊戲化教學，孩子並不會排斥學書法，我們有很多家長想讓孩子學，但是孩子興趣並不高。如果把這個賣點說得更具體，那文案應該是「遊戲化教學，讓孩子愛上書法」。

好文案是聊出來の討論組

靜默　小國寶姐姐不僅分析了自己的特色，還照顧到用戶的關注點。👍

靜靜　棒。

已經比之前好多啦。　
小魚

敲
黑
板

賣點更具體，用戶更有感！

好文案是聊出來の討論組

飛飛　我寫了一個文案：5.5吋大屏，立減200元。

靜靜　感覺好像有點問題……

如果要用「賣點＋收益點」的框架來看，我們的「收益點」一般都是前面的「賣點」能夠帶來的好處，他們之間是有邏輯關係的，「立減200元」是因為「5.5吋大屏輕薄全金屬」帶來的好處嗎？　
小魚

好文案是聊出來の討論組

飛飛　那我可以改成：5.5吋大屏，視野更開闊。

小國寶　嗯哪，賣點和收益點之間是有聯繫的。

海豔　感覺像遞進關係，因為「賣點是XXX」，所以「收益點是XXXX」。

敲黑板

賣點和收益點，是有邏輯關係的。

運用標籤：吸引你的精準用戶

我們常問什麼才是事物的本質，我的理解是將事物符號化，用簡化的數據來體現後，出現的正是事物的本質。為什麼我們想要知曉本質呢？因為人腦只能理解簡單的訊息。這不就是本質的本質嗎？人腦將體現本質的簡單訊息組合成印象，並用以理解世界。

——川上量生《龍貓的肚子為什麼軟綿綿》

　　為了更快速有效地接收訊息，我們喜歡符號化人、物、行為，會給他們貼上各種各樣的標籤，自身也喜歡循著標籤對號入座。如以下這幾個人群和對應的文案。

　　「熬夜黨福音，再也不怕熊貓眼」，這是一個可以緩解熬夜引起的黑眼圈的眼霜海報文案，如果你是經常熬夜的人，看到這樣一條文案是不是會多看幾眼？顯然這個文案對那些早睡早起的人來說沒有什麼吸引力，畢竟他們沒有熊貓眼的苦惱，也不是產品的目標族群。

　　在文案中，我們運用標籤，更容易引起目標族群的注意。通常我們把標籤分為兩類：

　　人群標籤：指的是一個人的屬性。如年齡、性別、出生地、居住地、職場精英、時尚明星、高個子女孩、熬夜黨等。

　　僅僅是簡單的年齡段標籤也能讓人對號入座。在電商網站上，你會經常看到類似這樣的海報文案。

　　這些文案，主要通過劃定年齡標籤，讓目標族群感覺「我正好是這個年齡段的」「似乎是專門為我這個

年齡段準備的啊」。

　　行為標籤：通常是指要達到一些目的的行為，如上班、約會、逛街、去咖啡館、運動瘦身、做快手菜、三分鐘化妝等。

　　如你要推薦適合穿去約會的衣服，文案就可以是：去約會穿什麼？選這些準沒錯。行為標籤就是挑選適合約會的衣服。

　　如某個外賣平臺的文案：點外賣，就選×××，新用戶立減20元，超划算。「點外賣」就是一個行為標籤，「新用戶」則是人群標籤，「立減20元」是活動內容。這樣的內容也主要吸引那些需要點外賣的人，重點還是新用戶。

　　人群標籤、行為標籤更容易引起目標族群的注意。但我們在文案創作時，還應重點考慮標籤跟產品和服務相關性。如針對年輕人的高端辦公文具產品，如果選用了老人、兒童的標籤，這樣的標籤對提高銷量毫無幫助，但如果選用職場人士的標籤，這樣在用戶和產品關聯度上都會更緊密，效果自然也會更好。

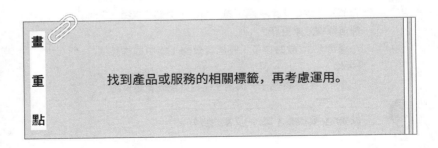

畫
重
點

找到產品或服務的相關標籤，再考慮運用。

? 考考你

減淡黑眼圈的眼霜人群是：_____

骷髏頭暗黑服飾的人群是：_____

掃地機的人群是：_____

戶外鞋包的人群是：_____

紙尿褲奶粉的人群是：_____

運用這個方法時，你也可能出現的問題：

好文案是聊出來の討論組

靜默

> 這個方法我嘗試過，在訊息流廣告中效果也不錯，目標族群看到廣告文案中有與自己相關的標籤，就會特別注意。

靜默

> 我們給一個學英語的機構做了訊息流廣告，同樣的廣告畫面，但是文案標題卻做了兩組，你們可以猜一下哪個數據效果更好？
> A.適合4~12歲的孩子，輕鬆識單詞，對中國式英語說NO。
> B.適合4~12歲的孩子，讓孩子不再死記硬背識單詞。

無邪

> 感覺A文案很有才氣，B文案也挺好。

好文案是聊出來の討論組

靜靜

> 我諮詢了一個有5歲孩子的媽媽，她說「讓孩子不再死記硬背認識單詞」打動了她。

靜默

> B文案的轉化效果比A文案高出了兩倍多。「適合4~12歲的孩子」這個人群標籤主要圈定了我們的精準客戶，我們能夠給他們帶來的好處相對於「輕鬆識單詞」，他們更關注「孩子不用死記硬背」，說的都是一件事，只是方案B更貼近他們的生活，讓「輕鬆識單詞」具體化了。

敲

黑

板

標籤圈定精準客戶，但也要考慮用戶的關注點。

好文案是聊出來の討論組

小國寶

> 又看到了這個關鍵點：要具體。

無邪

> 靜默好厲害，其實當我拿不準自己寫的文案好不好的時候，其實也可以分兩組測試啊！

靜靜

> 我還發現掌握方法只是文案創作的基礎，如果要寫得足夠好，還有必要對人群進行深入瞭解。

好文案是聊出來の討論組

海豔

> 因為要與「你」相關啊,這個「你」如果我們都不瞭解的話,如何相關呢。小魚老師之前也提到過一個小技巧,我覺得很有意思,就是直接在文案裡運用「你」這個字,這樣會很容易把文案創作視角轉變為用戶視角。

無邪

> 這個小技巧我也試過好幾次,效果很好。一旦把這個「你」字加入,我自動會考慮用戶,就好像自己在與用戶對話。

小國寶

> 沒想到今天閒聊又get了一個小技巧。

與「你」相關就是需要我們弄清產品跟用戶有什麼關係,能夠給用戶帶來什麼以及用戶關注什麼。基於這樣的考慮,再嘗試用「賣點+收益點」「運用標籤」的方法去寫文案,效果會更好。

解決痛點:2個文案框架讓人忍不住關注

相信你一定看到過很多這樣的廣告:

牙齦上火?用×××。

胃痛、胃酸、胃脹,用×××胃藥。

白內障看不清,×××滴眼睛。

　　雖然很多人厭煩這種廣告，但實際每次真的牙齦上火、胃痛之類的，第一反應卻都是去選擇這個產品。不僅僅因為聽熟悉了，也因為你發現自己的症狀跟廣告裡說的很像，就會買來試一試。

　　廣告文案中，你把用戶的痛點精準地描述出來，用戶就會更關注。那麼我們該如何運用解決痛點的方式來寫文案呢？

　　首先把產品能夠解決的用戶相關痛點找出來，越具體越好。我們有兩個文案框架：

　　痛點場景＋解決方案

　　低門檻數字＋解決效果

　　具體是怎樣運用呢？

1.「痛點場景＋解決方案」

　　整體文案先說你的產品能夠解決的痛點，通過這種方式引起用戶的關注，然後給出解決方案。

　　如一款口紅賣點是持久度高，塗抹一次能夠保持24小時。那麼這個賣點能夠解決的用戶痛點是什麼呢？如果口紅持久度不高，用戶會有哪些煩惱呢？她可能需要半小時補塗一次、喝水沾杯……把這些痛點拿出來說，就會是：

塗口紅總沾杯好尷尬？	這支口紅 24 小時持久
痛點	解決方案

　　這個方法同樣適用於寫自媒體文案。假如你是保險行業的從業人員，現在要寫一篇自媒體文章，教別人如何看保險的合同條款。事實上很多購買保險的人，都沒有耐心把20多頁的各種條款看完，還有不少條款根本就看不懂，這其實就是一個具體的痛點，接著給出解決方案，讓用戶能看懂合同。於是你的標題就是：

保險條款太複雜、看不懂，看清這五條就可以！
───────────────　　　───────────────
　　　　痛點　　　　　　　　　　解決方案

　　這個方法同樣適用於做活動海報文案。

　　新東方曾經做過一個線上品牌活動：百日行動派。系列海報就用了「痛點場景+解決方案」：

左上角是痛點場景，右下角是解決方案。

左邊海報文案——

痛點場景：有高考時的那種緊張，卻沒有高中時的那股衝勁

解決方案：100天，×××老師帶你每日堅持學習，助你找回昔日的衝勁。

右邊海報文案——

痛點場景：刷過的題千千萬，碰到新題還是一團亂

解決方案：100天，×××老師帶你用數學思維打造你全新的思考與做題方式。

「痛點場景+解決方案」的框架不僅可以對整體主題活動做宣傳，還能給單個商品做宣傳。蘇寧易購做過一個418電器購物節，就通過說明不同的電器能夠解決的痛點場景，引導人們關注這個商品，然後進入蘇寧易購購買。

　　我們分別來看看這幾個海報中商品的特點和能夠解決的痛點，以及具體的文案是如何表現的。

　　淨水器的特點就是用戶能夠接一杯水直接喝，選擇的痛點就是如果不用淨水器，我們一般喝水步驟比較繁瑣，需要接水、燒水、晾水然後再喝。

　　痛點場景：接水，燒水，晾水，喝水到底需要幾步驟？

　　解決方案：接一杯自來水，一飲而盡。（因為有了淨水器才能做到這個效果。下方搜索框引導搜索「淨水器」）

　　智慧電鍋的特點是可以定時做飯，痛點是在做早飯時，你需要花時間在早上煮粥。

　　痛點場景：為什麼早飯要在早上做？

　　解決方案：多睡會吧，晚上放好米，早上喝熱粥。（因為有了智慧電鍋才能達到這一目的。下方搜索框引導搜索「智慧電鍋」）

　　電動牙刷的特點是刷得特別乾淨，選擇的痛點場景就是，普通牙刷刷得不乾淨，而且大部分人的刷牙習慣都已經保持了幾十年。

　　痛點場景：為什麼你刷了幾十年牙卻沒刷乾淨過？

　　解決方案：再快的手也做不到每分鐘清潔10000次。（表示有了電動牙刷就能做到這效果，下方引導搜索「電動牙刷」）

　　「痛點場景+解決方案」重點在於先找到產品的特點，再找到沒有這個特點會帶來的痛點，痛點越具體越能引起人的共鳴，最後給出的解決方案也更容易勾起人的購買欲。

敲
黑
板

判斷是不是文案，重點看有沒有商業目的。

？考考你

（1）以下哪條文案運用的是「痛點場景+解決方案」的框架？

A.輔導班：名師數學培優班，數學再提20分
B.睫毛膏：5重防暈染，夏日也不怕
C.乳膠枕：泰國乳膠原液，持續支撐肩頸

（2）以下這些商品，你覺得都能解決哪些痛點？

美白面膜解決：＿＿＿＿＿＿＿＿＿＿＿＿＿＿＿＿＿＿＿
高保濕面霜解決：＿＿＿＿＿＿＿＿＿＿＿＿＿＿＿＿＿＿
高倍數的防曬霜解決：＿＿＿＿＿＿＿＿＿＿＿＿＿＿＿＿
充電器解決：＿＿＿＿＿＿＿＿＿＿＿＿＿＿＿＿＿＿＿＿

運用這個方法時，你也可能出現的問題：

好文案是聊出來の討論組

靜默｜最近要給一個理財產品寫一個海報文案，用「痛點場景＋解決方案」的框架，大家有什麼建議嗎？

小國寶｜很簡單啊，理財產品的特點是讓人賺錢，痛點自然就是描述你沒錢會怎樣，我想了一個：好窮好窮，買XXX理財從此很有錢。

靜靜｜雖然是運用這個框架，但是沒有吸引我……

大家可以嘗試把沒錢的具體場景找出來，比如什麼時候你會感覺到自己沒錢？｜小魚

小國寶｜我每次逛大商場，經過大牌化妝品專櫃時，就感覺自己很窮……

之前支付寶上的理財基金做過一組廣告，描述的場景就很具體，估計你們會覺得有共鳴：｜小魚

小魚

好文案是聊出來の討論組

> 戳心！其實就是痛點場描述出來，下方引導支付寶搜索XX基金，給的就是解決方案。

> 是呢。

> 好的，我大概有思路了。

畫

重

點

文案夠具體，更能打動人。

2.「低門檻數字+解決效果」

「痛點場景+解決方案」重點體現沒有我們的產品會出現哪些問題，「低門檻數字+解決效果」則重點體現我們能夠帶來的解決效果。

「低門檻數字」就是通過具體的數字表現出可以解決的痛點，「解決效果」主要就是呈現效果。

這樣的框架常用在各種知識付費課程海報中，我們來看幾個案例：

「0基礎學芭蕾：收穫完美體態與高貴氣質」，「0基礎」就

是一個低門檻，讓人感受到很容易學，「收穫完美體態與高貴氣質」是課程效果。

```
┌─────────────────────────────────────────────────┐
│                                                   │
│   0 基礎學芭蕾：   收穫完美體態與高貴氣質          │
│                                                   │
│   ─────────────   ─────────────────              │
│   低門檻數字            解決效果                   │
│                                                   │
└─────────────────────────────────────────────────┘
```

「7天搞定常見場景英語聽說」，這裡的「7天」，相對於學習英語來說，時間是比較短的，「搞定常見場景英語聽說」是課程效果。

除了課程海報，很多產品的海報文案也可以採用這個框架，一款複合維生素產品的特點是需要每天吃，痛點是缺少維生素會讓人沒有好狀態，於是文案是這樣的：「每天一粒，幫你保持好狀態」，其中「每天一粒」是低門檻數字，解決效果就是「幫你保持好狀態」

```
┌─────────────────────────────────────────────────┐
│                                                   │
│           每天一粒，  幫你保持好狀態              │
│                                                   │
│           ─────────  ─────────────               │
│           低門檻數字      解決效果                 │
│                                                   │
└─────────────────────────────────────────────────┘
```

　　自媒體文章標題或者網站專題海報文案也一樣可以運用這個框架：

　　「12件衣櫥必備單品，搞定一週穿搭」

　　「7個網紅款面霜，找到最適合你的那一款」

　　運用這個方法時，你也可能出現這樣的問題：

好文案是聊出來の討論組

小國寶：我創作了一個新文案：三百零八招，教你練出好書法。😎

飛飛：之前小魚老師說過，要運用數字的時候，儘量用阿拉伯數字，這樣會更快速地進入人的大腦。給你修改一下：308招，教你練出好書法。

靜靜：沒錯，阿拉伯數字無國界限制，「無閱讀」直達大腦。

靜默：不過小國寶姐姐，看完你的這個文案之後，我沒有欲望去報名……

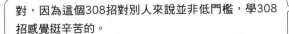對，因為這個308招對別人來說並非低門檻，學308招感覺挺辛苦的。
小魚

小國寶：3招，教你練好自己的簽名。

靜默：厲害。

敲黑板

數字運用一定要讓人感受到操作不複雜。

？考考你

（1）以下哪句文案運用了「低門檻數字+解決效果」？（ ）

A.整理衣櫃就是整理人生，3分鐘搞定

B. 30天詞彙量翻3倍，再也不用痛苦背單詞

C.新手媽媽必買12件用品清單

（2）解決痛點綜合練習：

我有個朋友做了一款嬰兒電子搖鈴，寶寶每搖一次搖鈴就會發出不同的聲音，有模擬羊水的聲音、媽媽的錄音等，這些聲音能安撫寶寶情緒。那麼這個搖鈴的特點總結起來就是：交互性強、聲音治癒系。

那麼這個特點能夠解決用戶的痛點是什麼呢？

我們把場景羅列出來：

A.寶寶哭鬧、給玩具玩幾分鐘就玩膩了，繼續哭鬧；

B.媽媽還要幹家務做飯時，需要把寶寶放旁邊，讓他自己玩一會兒；

　　C.寶寶對聲音敏感，但聽到的各種玩具的聲音大部分都是各種兒歌和動物叫聲。

　　一旦具體的場景出來了，就可以針對這些場景提煉我們的文案框架，你可以運用「痛點場景+解決方案」寫一條文案：

　　再按照「低門檻數字+解決效果」的框架寫一條：

　　不論用「痛點場景+解決方案」還是「低門檻數字+解決效果」，都應首先找到產品的特點（賣點），然後考慮這個特點（賣點）能夠解決的。

表達想法：2個文案框架讓人忍不住轉發

　　與「你」相關、「解決痛點」更適合做商品海報文案、活動海報文案，但是做品牌宣傳海報，有沒有更好的方法呢？我有一個簡單的方法：表達想法。

　　表達想法是指主要通過不同的人或者文案來表達的話。江新手包裝上有句文案：「其實對喝酒的人來說，重要的不僅是誰陪你喝，更重要的是誰在家裡等你」。你可以想像一下，做為一個外出喝酒的男人，把這個廣告拍下來轉發朋友圈，家裡的女友會不會諒解你多一些？此時此刻，這個文案承擔的任務就是表達想法，幫用戶說出他們想說的那句話。

　　表達想法我們也有兩個文案框架：

（1）人物代言。

（2）運用金句。

人物代言

　　用具體的人物形象表達品牌的相關主題。如把品牌想表達的觀點、賣點通過客戶、員工、明星等人的口吻說出。

　　全聯超市是臺灣的一個老品牌，用戶定位一直都是低價平民，主要消費人群由60後、70後向80後、90後年輕人轉移時遇到了一個困難：年輕人對這個品牌缺乏認知，大部分年輕人認為全聯這個品牌土氣，也覺得去全聯買低價商品沒面子，去全聯購物的人群中30歲以下的年輕人只占9%，如何讓年輕人更願意來全聯呢？全聯推出了一組廣告：

(註：「葉小魚跑跑」公眾號回覆「全聯廣告」
可查看2015-2017年全聯全系列文案海報)

　　這組海報主題為「全聯經濟美學」，邀請了14個年輕客戶代言，提倡年輕人學會合理花錢，省錢並非追求低價而是為理想的自我犧牲，為未來的投資：

「長得漂亮是本錢，把錢花得漂亮是本事。」
「知道一生一定要去的20個地方之後，我決定先去全聯。」
「來全聯不會讓你變時尚，但省下的錢能讓你把自己變時尚。」
「幾塊錢很重要，因為這是林北辛苦賺來的錢。」
「養成好習慣很重要，我習慣去糖去冰去全聯。」
「花很多錢我不會，但我真的很會花錢。」
「省錢是正確的道路，我不在全聯，就是在往全聯的路上。」
「會不會省錢不必看腦袋，看的是這袋。」
「距離不是問題，省錢才是重點。」
「來全聯之後，我的豬長得特別快。」（存錢罐是豬的形象）
「真正的美是像我媽一樣有顆精打細算的頭腦。」
「我可以花8元錢買到的，為什麼要掏10元錢出來。」
「美是讓人愉悅的東西，如全聯的價格。」
「離全聯越近，奢侈浪費就離我們越遠。」

　　這一組海報文案不僅讓年輕消費者認識了全聯，更是打消了去全聯購物的顧慮，也給了他們一個去全聯的理由：省錢是為了更好的生活。

　　全聯的經濟美學主題延續至今，全聯的銷售也連年攀升，目前已連續三年銷售業績突破100億新臺幣（約合人民幣20億元）。

　　以目標客戶的形象跟客戶溝通容易打動人心。而以真實的員工代言，則能讓客戶信任這個品牌所說的話。

　　網易嚴選在三八婦女節就推出了一組海報，女性員工出鏡代言「嚴格篩選」的主題，這不僅結合了三八婦女節的熱點，讓用戶對網易嚴選的「嚴選」也有了新一步的印象。來看看這組海報：

(註：「葉小魚跑跑」公眾號回覆「網易嚴選」，可查看全系列文案海報)

　　「嚴選出一個好杯子，就感覺自己擁有了整個世界」——網易嚴選杯具選品：kim；

　　「女王的士兵是千里挑一，我嚴選的產品可都是萬里挑一」——網易嚴選海外選品：Jessie；

　　「選一口好鍋，要像做一台手術一樣用心」——網易嚴選廚具選品：Lulu；

　　「只選一條好圍巾，剩下的都要被幹掉覺得自己還挺殘忍」——網易嚴選配飾選品：Juny；

　　「嚴選家電是件重要的事，所以不好的統統要被斃掉」——

網易嚴選小家電選品：Eve。

　　海報底部都有一組固定文案，不僅強調嚴格篩選，也迎合本次婦女節熱點：

　　「網易嚴選超過80%的商品由女性選出，她們平均在726件商品中才選中1件，網易嚴選，感謝她們」。

　　每一個真實的員工，她們的名字，她們所負責的品類，她們所說的每一句話都在體現「嚴選」。

　　當你要做品牌海報時，不妨考慮可以讓客戶、員工做品牌代言人。

　　用這種方式也有需要注意的問題：

好文案是聊出來の討論組

BringBring

我給一個做全球購物的網站準備了一個文案，用員工做代言人，體現「全球精選」這個主題。「'全球挑好貨，盡在XXXX'──張小敏，全球採購買手」。

小國寶

你這文案感覺挺官方的，像一個買手在自賣自誇。

飛飛

其實，還是同一個問題，就是不夠具體啊。

對，如果能體現具體怎麼給別人精選的，會更好。

小魚

飛飛

「去過廣西，去過三亞，去過泰國，去過菲律賓……跑遍全世界，只為了能找到讓你滿意的那顆杜果。」──張小敏，全球採購買手。

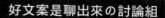

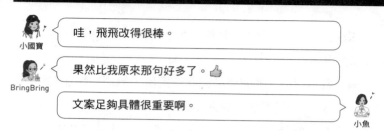

運用金句

我們通常把讀起來順口又好記的句子稱金句,把這些金句用在海報裡,不僅可以傳遞品牌價值觀,也可以用來表達用戶的想法。比如很多膾炙人口的文案:

「不在乎天長地久,只在乎曾經擁有。」——鐵達時手錶
「用子彈放倒敵人,用二鍋頭放倒兄弟。」——紅星二鍋頭
「我們始終不滿意,才能讓您一直滿意。」——台塑生醫科技

運用金句能提升整體內容的意境,強化重點。大部分金句都採用了一個技巧:修辭。

修辭手法包括反覆、排比、比喻等,如運用比喻:

「每個人都是一條河流,每條河都有自己的方向。」——網易新聞
「世界上最重要的一部車是爸爸的肩膀。」——中華汽車;

運用比喻能夠讓句子更生動，而運用對比則讓文案更能體現賣點，如：

「別人看歷史，我們看未來。」——《今週刊》
「從前聊著聊著就睡著了，現在想著想著就失眠了。」——騰訊視頻
「小體貼，大舒暢。」——撒隆巴斯

　　其實把這些經典的文案拿出來，我們都可以仿照著寫一寫。
　　反覆被運用的概率很高，會讓你的文案看起來更有靈氣。
　　反覆是指為了強調某種意思，突出某種情感，特意重複使用某些詞語、句子或者段落，如：

「沒事多喝水，多喝水沒事。」——多喝水
「今年過節不收禮，收禮就收腦白金。」——腦白金

　　「改不了加班的命，就善待加班的胃」這是方太的一個廣告文案，大部分白領都會迫不得已加班，而加班時吃的都是快餐，「善待加班的胃」會引起用戶的補償心理，開始思考加班也有必要吃點好的，「加班的命」和「加班的胃」互相照應。

？考考你

以下金句，哪句用的不是反覆的修辭？

A.十年的帳單算得清，美好的改變算不清。

B.長得漂亮是本錢，把錢花得漂亮才是本事。

C.答應孩子早點回家，你卻提著早點回家。

D.別說你爬過的山，只有早高峰。

討論組成員也開始積極使用這種方法：

好文案是聊出來の討論組

海豔

我模仿了一個：沒有開豪車的機會，但有坐豪車的命——XX叫車。

飛飛

好棒，海豔小姐姐用了反覆修辭……不過這個文案能用的前提就是：這個XX打車的軟件裡全部都是豪車。否則目前我們知道的叫車軟件肯定用不了這個文案。

無邪

哈哈，我也有：沒有錢去看世界，但要有一顆去流浪的心——旅行類APP

海豔

無邪小姐姐不錯喲。

敲

黑

板

寫金句前，先確定文案目標。

鯨·魚·筆·記

到現在為止，我們學了3個方法，每個方法有兩個文案框架——

（1）學習任何文案技巧，考慮文案到底應該「怎麼說」時，都要建立在文案基礎思路上：

先「說什麼、對誰說、在哪說」，這個思路是文案的底層邏輯，未來所學的各種技巧，都能加載在這個思路上。

（2）與「你」相關的兩個文案框架，容易引起人的注意。

「賣點+收益點」：不僅體現出賣點特色，也直白地讓用戶感受到這個賣點能夠帶來的好處；「運用標籤」：運

用與目標族群相關的人群標籤、行為標籤，更容易引
起他們的注意；

（3）解決痛點的兩個文案框架，更能突出商品特色。
「痛點場景+解決方案」，通過對痛點場景的描述，引
起人的關注，然後給出解決方案；
「低門檻數字+解決效果」，通過具體的數字，表現出
能很容易、很快、很方便地解決痛點，並且體現出解
決後的效果。

（4）表達想法的文案框架，容易引起人的共鳴和轉發。
「人物代言」：把品牌想表達的觀點、賣點或特點，
運用客戶、員工、明星等人口吻說出，並且這些話也
能表達出相應人群對象的觀點。
「運用金句」：用修辭手法，寫出讓人過目不忘的金
句，用來表達價值觀。
這些方法，都可以用來寫海報文案，包括商品海報、
活動海報、品牌海報，也可以用來寫廣告語、文案標
題等。

小結：4個標準，檢驗你的短文案

好多學員都問過我，怎麼才能知道自己寫的這個短文案是好還是壞呢？在這裡給你分享4個標準，讓你有個判斷的依據。

吸引注意、篩選用戶、傳達訊息、吸引閱讀。這是美國文案大師羅伯特・布萊總結的標題四大功能。

吸引注意：需要在3秒內抓住眼球，否則其餘的工作都白費。那麼什麼樣的訊息更容易吸引注意呢？近年來神經科學家給出了答案，人為了更好地生存下去，大腦會快速注意到與自己相關的事物，以便自己快速作出逃跑或戰鬥的決策。所以人的大腦會首先關注與自己相關的訊息。這也是為什麼，我們會用與「你」相關的方法，因為用戶會有天然的關注。說我們的賣點對方不關注，但是說這個賣點能夠帶來的好處，對方就開始注意了。即使是解決痛點，表達想法，也要跟用戶相關，否則用戶未必都會注意。這也是為什麼，我們的文案創作前還要分析「對誰說」。分析目標族群，就是為了瞭解用戶關注什麼、在乎什麼。

篩選用戶：不用想著我的文案一定要讓所有人群看到，而是要讓我們的目標族群看到。如這一條：「移民後，我的保險打水漂了嗎？」，「移民後」也是一個行為標籤，這樣的內容，吸引到的人自然是有移民需求，並且目前考慮購買或者已經購買過保險的人，或者關注移民、關注保險的人才會更願意看。這就是篩選用戶，並未需要吸引更多的人，但是能讓相應的人注意到。

　　傳達訊息：能夠讓人一看這個標題就大概知道文案要說什麼。做為文案，尤其是海報能夠讓別人一看標題就知道是做什麼的，也就達到了宣傳目的。如「天貓雙11，全場五折」，僅僅只看這個標題就知道活動內容了。

　　吸引閱讀：看完標題能夠引起用戶興趣，讓他們繼續看下去。這個關鍵在於文案跟用戶的關聯度，關聯度越高，用戶就更願意繼續閱讀下去。

　　所以，當你寫完短文案後，不妨用這4個標準來檢驗。

判斷標準	吸引注意	篩選用戶	傳達訊息	吸引閱讀
打 "√"				

第五章

長文案軟廣告
如何寫

寫長文案、軟文毫無頭緒？在這裡，
給你一個長文案結構，從開頭、內容、
結尾分別給你方法，從 0 到 1，讓你
成為文案達人。

1個長文案結構，拿起就能寫

新手往往拿到任務就開始寫文案，寫到哪裡算哪裡。這成為後期文案大改特改的根源。所以我們建議先釐清楚要「說什麼，對誰說」這兩個問題，當你正式下手寫長文案前，最重要的一件事就是給你的文案寫一個內容大綱。

那麼，應該如何搭建文案內容大綱呢？既然我們在前幾章已經理順了「說什麼、對誰說」，接下來要考慮的就是如何讓你要說的內容更有邏輯。語文老師曾經教過我們如何寫作文的大綱，其實對文案寫作來說，這種思路完全可以通用，總分總、分總、總分這樣的框架都可以用，但是文案還需要有另外一項技能是去說服用戶，我們不僅要表達清晰，更要讓人相信所說的內容，並且主動購買商品。因此這個框架需要從說服的角度來構建內容。

假如你需要在天貓店舖給用戶推薦你的產品：一款非知名品牌的防脫洗髮水，售價78元。如果單純用總分總的方式，你的思路很可能會是這樣：

總：這款防脫洗髮水品質真的很好。

分：好在哪裡呢？

（1）純天然成分，健康。

（2）有專利技術，可靠。

（3）很多人都用，口碑。

總：你需要擁有一款防脫洗髮水。

　　不得不說這個大綱條釐清晰，但是這篇文案真的會讓用戶心動嗎？首先進入這個頁面的用戶是有防脫需求的，文案裡提到的優勢、好處都無法觸動用戶，對方的購買欲望也未必強烈。

　　那麼，什麼樣的內容框架更容易讓人看得下去呢？有個經典的「4P」文案公式框架可以展示給大家：

4P 文案公式

描繪（Picture）
承諾（Promise）
證明（Prove）
敦促（Push）

　　根據這個框架，防脫洗髮水的天貓店舖文案你可以按照這個思路寫作：

描繪（Picture）

　　我們主要思考的是我對用戶說什麼，用戶才會認為「我真的需要考慮買一款防脫洗髮水」，文案描述有畫面感，用戶才會進入到相應的需求場景，才會對你描繪的內容感興趣。具體如何描繪呢？這裡有兩個方法：

（1）描繪沒用該產品時的痛苦場景。

（2）描繪擁有該產品後的美好心情。

承諾（Promise）

當對方開始感興趣時，我們的文案隨即給出承諾。承諾我們能夠幫對方解決的痛點，此時對方或許還會半信半疑，我們就應該進入下一個環節：證明。

證明（Prove）

證明我們如何兌現自己的承諾，可以分別從理性、感性兩個層面去證明。

敦促（Push）

當對方差不多要作決定是購買還是離開的時候，此時我們要給對方臨門一腳，敦促對方做出購買行動或其他反應。

描繪讓人進入場景，承諾將人帶進主題，證明讓人更加信任你，敦促讓人更容易行動。但是不要忘記，你的同類競爭對手也可能用同樣的框架來寫文案，所以如果沒有前期的分析，很可能和對手的文案都是一樣的，用戶看到兩個文案差不多的產品，該選擇哪個呢？因此我們需要再捋一遍「對誰說」以及「說什麼」：

分析目標族群

↓

確定文案目標

↓

確定內容大綱

對誰說：分析目標族群

為了讓你更方便看清思路，我在人群分析表的第三列特別加上相關思考，看看這些人群特徵都能夠帶來哪些思考和啟發，也能幫助我們更熟悉人群的現有狀態。

類型及關係	人群特徵填寫處	人群特徵填寫處
人群標籤	25~35 歲白領；關注脫髮問題，並願意支付一定費用的人	非知名品牌防脫洗髮水，78 元價格並不便宜，對應的目標族群購買力還算可以，至少是願意為防脫髮支付費用的
人群喜好	喜歡瀏覽社交類 APP；逛各類網站論壇、喜歡網購；相信即使品牌知名度不高，但是也有可能是好產品	此類人群喜歡上網，因此，可以考慮在他們常瀏覽的網頁做推廣；他們關注功效，對於品牌知名度沒有太大要求（否則肯定不會考慮我們的品牌）

待滿足需求	希望能買到防脫髮、無害、成分天然的洗髮水	防脫本來就是我們產品的主打功能，無害、成分天然是我們產品的一大賣點
與本品類的關係	2~3 個月買一次洗髮水，也嘗試過一些其他品牌防脫洗髮水	既然是嘗試使用，那麼也說明這類人群其實本身脫髮並不是非常嚴重，不會去考慮植髮或者更專業的防脫產品，能夠嘗試用防脫洗髮水說明大部分人都是擔心如果現在不重視，後果會比較嚴重
與本品牌的關係	淘寶天貓上搜索「防脫洗髮水」能看到這個品牌，之前也沒怎麼瞭解過這個品牌	對於一個陌生品牌洗髮水，用户不太容易信任，對產品品質有疑慮，所以後期文案也要考慮如何打消目標族群對產品和品牌的不信任，體現出品牌的專業。
對我們廣告的印象	不太熟悉，剛看完詳情頁，比較真誠的一個品牌吧	本土的一個品牌

　　我們能夠看到目前用戶跟我們之間的關係不緊密，他們的狀態是「我就看看有沒有合適的防脫洗髮水」，而我們需要改變這個狀態，想變成「感覺這個品牌的洗髮水很專業，可以試試」。

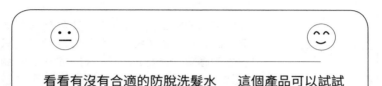

看看有沒有合適的防脫洗髮水　　這個產品可以試試

　　如果要發生這樣的改變，我們的文案需要滿足他們的需求，解決他們的顧慮。首先就要解決三個問題：

　　（1）用戶狀態：只是看看——→文案想辦法讓對方重視脫髮問題。
　　（2）用戶需求：需要天然成分的防脫洗髮水——→文案要讓對方知道我們的特點就是這個。
　　（3）用戶顧慮：不知道這個品牌和產品是否可靠——→文案打消顧慮，給出相關證據。

說什麼：確定文案目標

　　按照「4P」文案公式框架：「描繪－承諾－證明－敦促」來試試：

目標大綱項	詳細填寫	思考
明確說話對象	25~35 歲，關注脫髮並願意支付一定費用的人	人群分析表中這個選項其實已經詳細分析過了
文案的變化結果	看完我們的文案後，他們將認同我品牌防脫洗髮水的專業，想要立即購買	這個其實就是我們要達到的改變，從只是有目的的看看，到認同購買
從理性上訊息傳達	1. 脫髮原因及後果嚴重 2. 產品成分是天然生薑，無害防脫 3. 產品和品牌都可靠	1. 脫髮原因及後果主要可以體現我們的專業，也能夠運用恐懼讓用戶足夠重視防脫這個問題 2. 對方關注產品的功能和成分，那麼我們就要在感覺對方有到強烈需求時再重點闡釋 3. 對方瞭解產品特點後，或許還會對產品和品牌品質有顧慮，因為我們是非知名品牌，所以有一點小恐懼
從感性上情緒推動	1. 有點害怕，要是脫髮就慘了 2. 這個品牌在防脫這一領域很專業	

　　描繪：通過描繪脫髮的痛苦，讓用戶感受到自己真的很需要一款防脫洗髮水，如可以做這些事：

　　（1）展現頭髮稀少的頭頂和髮際線，讓用戶感受到這樣真的不好看。

　　（2）展現洗髮後掉在手裡的大把頭髮，勾起平時洗髮後的記憶。

　　（3）展現大量脫髮後的禿頭，引起人的恐懼，對防脫問題更加重視起來。

　　（顧客看完後會感覺到：「對，這就是我現在的情況啊，這個品牌懂我，真的應該重視起來。」）

　　承諾：告知我們的產品能夠解決這些問題。

　　（顧客看完後會覺得：「真的假的？你憑什麼說你能幫我解決這些問題呢？」）

　　證明：說明我們的幾個主要賣點，並且給出相應的證明。

　　（1）脫髮原理：脫髮成因是油脂分泌旺盛堵塞毛孔，毛囊缺乏營養微縮。生薑防脫洗髮水可以做到清潔，滲透皮層、發芯，滋養頭髮根部，從而達到清爽控油，滋養頭皮，強健頭髮的效果。

　　（說明原理並且給出解決方法，能體現我們的專業性，增強說服力）

　　（2）說明產品的成分天然，增加用戶對產品的信任：

　　A.理性證明：在質地、營養吸收、酸鹼性上理性證明成分是生薑。

　　B.感性證明：展現生薑產地，證明生薑來源。

（3）證明品牌和產品可靠：

A.直接展示質檢報告；

B.展示生產基地：實驗室、生產車間等。

敦促：

給對方一個立即購買的理由，這款洗髮水原價128元，現價僅78元，催促目標族群現在購買。

這個內容大綱充分考慮了說什麼、對誰說，並且兼顧了用戶顧慮，一步步引導用戶下單。拿著這樣的內容大綱跟老闆討論，不僅對方能看明白你的整體文案思路以及要解決的問題，而且如果有什麼需要調整的，也能夠在大綱部分就改完，不至於後期大幅度修改調整。另外對於文案創作者自己來說，梳釐清楚了這份文案大綱，接下來的工作僅僅是寫而已，反而花費不了太多時間。

敲黑板

內容大綱好的前提：搞清楚文案目標和人群。

❓ 考考你

框架	填寫處	提示
描繪		什麼情況下，用戶才會想到要買我們的商品？把這個場景描繪出來
承諾		說明我們的廣告商品，能解決以上問題或達到相應效果
證明		用相關方法證明我們的賣點
敦促		考慮說什麼，用戶才會想要立即購買

運用這個方法時，你也可能出現的問題：

好文案是聊出來の討論組

BringBring

> 我發現「描繪—承諾—證明—敦促」這個模式電視購物經常用啊！

小國寶

> 對，如賣一個收納箱吧，在描繪階段會說，你家很多東西裝不下，家裡很亂的情形；然後承諾我們的收納箱可以搞定這個問題，接著就開始證明，主持人往收納箱裡塞東西，一衣櫃的衣服全給塞進去了，還很自信地說還有空間可以繼續塞，而且還說可以防水，主持人直接拿著水倒在收納箱上，這個也是證明。最後敦促說原價299元，現在購買只要199元，馬上撥打電話訂購還能再送個小收納箱之類的。

靜靜

這個做為朋友圈廣告也能用啊！

無邪

對哦，好像很多地方都可以用。但是一旦上手自己寫，總感覺寫不了那麼好，這是為什麼呢？

還是要在對產品、對用戶甚至是競爭對手的瞭解的基礎上創作，否則不知道應該重點說哪些賣點會更容易打動他們。

小魚

小國寶

發現自己還是下手太快了。每次接到任務就直接寫，別說內容大綱了，有時候前面的文案目標也沒仔細想，就認為大概就這麼回事吧，先寫了再說。

鯨魚

所以小國寶的內容經常被改……

小國寶

我想靜靜……

靜靜

靜靜來了。

靜默

原來小魚老師前面教我們的對誰說、說什麼的部分如此重要，每次寫文案的時候都需要想一遍。

靜靜

不過我想問「描繪—承諾—證明—敦促」還有沒有更多具體的方法？否則感覺我每個內容好像都寫的一樣啊。

好問題，我們先去看看描繪這部分，在文案開頭我們有哪些方法可以用。

小魚

描繪：2個開頭方法，讓人欲罷不能

想像一下，現在你很餓，想要買個麵包，擺在你面前的是兩個選擇：

同樣大小的麵包，一個3元不知名品牌麵包，一個30元知名品牌麵包，主打健康。你會選擇哪個呢？當你選擇前者時，說明你主要聚焦在解決饑餓問題上，而當你選擇後者，產品此時要解決的不僅僅是你的饑餓問題，還要滿足你追求高品質的心理。

當你正準備掏錢購買其中一個時，一個你很尊敬的領導迎面走過來，說自己也沒吃早飯，你想請他吃個麵包，這時候你會給領導選擇哪款麵包？你一定給領導選了那個30元的麵包吧。此時此刻，購買麵包已經不僅僅是簡單的解決饑餓需求，而是做為一個禮品的角色，你對這個麵包的需求發生了改變，此時你的需求是這個麵包能讓你送出去有點面子，你需要一個高檔次的麵包。

幾乎所有產品都是兩個需求：解決痛苦、滿足夢想（追求更好）。產品要麼幫別人解決麻煩、痛苦，要麼讓別人獲得更好的體驗。所以在文案開篇的描繪部分，我們也通常用這兩個方法來吸引別人繼續看下去，並且進入購買場景。要麼呈現沒有這個產品時他的痛苦、麻煩，要麼呈現出有了這個產品，他能夠得到的理想狀態。

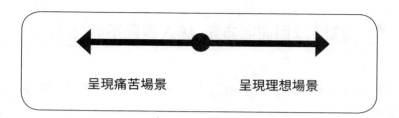

呈現痛苦場景　　　　　呈現理想場景

描繪痛苦場景, 幫用戶做出選擇

現在擺放在你面前的文案任務是給一個價格4000多元的吸塵器寫個文案描述,你會如何去寫呢?

想像一下,你的用戶現在在電商頁面搜索,市場上吸塵器價格從100~3000元不等,而你的產品卻是4000多元,遠遠高於主流價格,如何才能讓用戶在眾多吸塵器中選擇我們的產品?

如果要走呈現痛苦場景這個路線,那就得描述一下沒有吸塵器,家裡很多灰塵會帶來的問題,尤其是價值4000多元的一個吸塵器能解決的問題,而其他吸塵器做不到的。這款吸塵器價格不僅是貴在品牌上,而是擁有專利氣旋技術,吸力更強勁,大顆粒垃圾、微塵甚至花粉、看不見的細菌都能吸入。

現在請花三分鐘的時間,思考一下你會如何呈現這個痛苦場景,並且讓用戶覺得選擇這款更適合。

思路出來了嗎?來看看我們的思路是否一樣吧。

我們主要分三步驟:痛苦場景—排除相應選擇—給出承諾。

1　　　　**2**　　　　**3**

痛苦場景—排除相應的選擇—呈現理想場景

接下來，看看這款4000多元的吸塵器的文案開頭是如何寫的：

第一步：呈現麻煩場景

　　家具底部、地板縫隙很難清潔，用戶用吸塵器最適合，並且用圖示意你能夠清除的：塵蟎、黴菌孢子、寵物毛髮、花粉。

第二步：排除相應選項

當用戶看完第一個麻煩場景，自然而然就有了需要一款吸塵器的想法，如何讓用戶感受到應該選這個品牌而不是其他家的吸塵器呢？

「如果一台吸塵器：

（1）無法吸除表面及隱藏塵垢。

（2）隨著使用，吸力不斷減弱。

（3）不能鎖住吸除的灰塵，讓其洩漏回空氣中造成二次污染。

這並不是一台在真正有效運行的吸塵器。」

這裡給了用戶3個選擇吸塵器的標準，這些都是大部分吸塵器無法做到的3點，這讓用戶直接有了選擇，這3點本產品能夠做到的，接著就拋出自己的承諾以及解決方案。接下來要表達的一定都是圍繞著這三點來介紹自家產品，用戶很容易看進去，在你預設的思路裡，對這款產品有了獨特印象。同時，用戶對於接下來文案要展開的「證明」環節也會更有欲望瞭解。

通過展現痛苦的場景，引起用戶對此類問題的重視和關注，也讓用戶對吸塵器這個品類有了需求，接著又通過排除選擇，引導用戶把同類競爭對手的產品排除掉（相信我，如果你幫用戶做過這個對比後，他們會感謝你的，與此同時也展示了品牌的專業度），最後給出自己的解決方案和承諾。接下來就要證明自己的

產品能夠解決這些問題，最後完整的文案還必須要有一個敦促，給用戶一個立即下單的理由。

還記得我們之前說過的那個文案大綱嗎？「描繪—承諾—證明—敦促」，在這個「描繪」環節，通過描繪痛苦場景，同時引導用戶排除同類選項，讓用戶對我們的產品有足夠的重視。

書法課如何描繪痛點，讓人想報名？

針對這個案例我們討論組也積極地進行了探討：

好文案是聊出來の討論組

小國寶

> 我發現啊，你們做產品相關的文案就比較好找痛點，很容易找到場景，可是書法課的報名文案很難找到痛苦場景。

靜靜

> 書法課的報名文案也一樣可以用「描繪—承諾—證明—敦促」吧。

小國寶

> 可是在描繪這個環節，我不知道應該如何描繪痛苦場景，我想不到啊，到底什麼人在什麼情況下會覺得需要去學寫字。似乎並沒有很明顯的痛點啊！

無邪

> 說得也是啊，我想不起來什麼情況下會想到要去學書法。

> 思考的方法也是一樣啊，想一想，如果你寫字不好看，在生活中會遇到哪些問題？

小魚

小國寶

> 想不出來，就覺得你寫的字好看，人家對你有好感，有一個詞叫見字如面。

好文案是聊出來の討論組

靜靜
哦，我上次去一家公司面試，公司需要手寫履歷，我的字不太好看，面試官看到我的履歷還皺了下眉，弄得我挺不好意思的……

靜默
我初中時給初戀寫情書，結果她說我的字不好看，讓我以後別給她寫了。

小國寶
哈哈，也不知道那姑娘到底是嫌棄你還是嫌棄你的字啊！

靜默
反正被拒絕的那一刻，我覺得她確實是因為我的字不好看拒絕我。

小國寶
給你一個可憐的抱抱……

BringBring
我想起來了，高中時老師總說字要寫工整，否則批卷老師沒耐心批改卷子，容易丟分，我有個好朋友作文雖然寫得好，就是字不好看，結果每次考試作文都沒平時分數高。

海豔
對，我高中時也遇到過這樣的事。

無邪
說的也對啊，字不好看也有這些痛苦的場景呢！

所以，小國寶，你的痛點場景是不是出來了？

小魚

小國寶
你們好厲害！

好文案是聊出來の討論組

鯨魚

> 不要忘記分析目標族群，確定文案目標啊！

小國寶

> 知道了。其實剛剛大家這麼一討論，我大概知道目標族群是哪些人了。在「描繪」這個環節，運用痛點場景的思路，我可以直接體現出在工作場合中因為字不好看會使印象分降低的情況，如填寫履歷、給領導手寫總結報告的時候，還有類似靜默要寫真誠的情書的場景，還有考試因為字不好看丟分的情況等等，寫完這些痛點後，用戶看完後學寫字的欲望就會變強，接著我就排除競爭對手，強調要練好字光練字帖也不夠（估計想學寫字的人第一反應是寫字帖），還需要認識字體結構，需要一對一反饋，效果才會更好。最後推出我們的課程服務。

海豔

> 小國寶厲害了。

無邪

> 小國寶厲害了。

小國寶

> 還是你們厲害，讓我一下就有思路了。

> 小國寶啊，你先去把「對誰說，說什麼」釐清楚，再來運用這個內容框架，相信會更清晰的。

小魚

小國寶

> 是，小魚老師說過，前期思考和準備時間應該比你寫文案的時間更長。這次我差點又直接拿著任務就寫卻忘記思考了，嘿嘿。

敲 黑 板
> 如果找不到痛點場景,
> 不妨找幾個小夥伴一起腦力激盪一下哦。

好文案是聊出來の討論組

飛飛

> 我之前看到一個排除相應選項的文案,一個教英語的課程直接把課程裡的老師跟其他的英語老師進行對比,從師資情況、教學理念、額外獲得、上課時間、收聽次數、上課模式、學習效果這幾個方面出發進行一一對比。

飛飛

為什麼選我		
	英國劍橋小克里	普通英語老師
師資情況	國際級中英雙語導師	母語為雙語,英語不道地
教學理念	語境學習法,學會說身邊的事和物	傳統課本學習,學了不能用
額外獲得	附送老師介紹最真實的國外生活環境	閉門學語言,基本靠死記硬背
上課時間	每天一節課,1~2 小時	一週僅 1~3 次
收聽次數	無限制回看	學習時間有限
上課模式	精品視頻課,各種終端隨時隨地場景式學習,甚至現學現用	傳統英語學習模式
學習效果	純正英語語境,徹底拋棄中式英語	最後還是不會說英語

好文案是聊出來の討論組

BringBring

> 這樣的方法讓賣點變得清晰，一下就幫用戶做了選擇，用戶可以不用繼續去對比其他課程就可以直接下單。

飛飛

> 我還有個問題，在說完痛苦場景後，有個「排除相應選項」，往往把大部分競爭對手做不到的事描繪出來。但是，假如我們的產品跟其他同類產品真的沒什麼差別，價格、功能都差不多，團隊腦力激盪了半天也找不到寫作思路。怎麼辦？

> 的確，有很多產品本身優勢不大，如何在描繪階段用好痛苦場景呢？還有一個辦法，就是在描述痛苦場景後，說明為什麼會出現這些問題，然後再拋出我們能解決這些問題並給出承諾。通過解釋原因也能彰顯我們的專業度，增加用戶對我們的信任。

小魚

飛飛

> 聽起來不錯，不知道具體都如何運用的。

> 我們進入下一小節，看案例去。

小魚

描繪痛苦場景，體現品牌專業度

文案遵守一個原則：**人無我有，人有我優，人優我特，人特我專**。簡單來講就是優先說別人沒有的賣點而我們有的，如果大家都有這些特點的話，就說我們家產品更好，但是如果大家都說自家產品很好，那就說我們特別好，如果大家都體現出一樣好的程度，那我們就說特別專業的。

　　如果你負責的產品或服務跟其他同類競爭對手沒有差別，在「描繪」階段，我們無法排除用戶其他選擇，那就選擇體現自己的專業的部分。文案框架仍然是3步驟：

　　痛苦場景─解釋原因─給出承諾

　　這個框架跟上一個框架的差別就在中間，把「排除選擇」變成了「解釋原因」，通過說明解釋為什麼會出現這些痛苦場景，讓用戶瞭解到原因，對於接下來的產品介紹，用戶也更容易理解。

```
      1          2          3

  痛苦場景─解釋原因─給出承諾
```

　　「快樂學習」是福建省最大的K12教育培訓機構，主要做中小學生課外輔導。他們的培訓負責人林老師經秋葉大叔引薦找到了我，想要給培訓機構各分校校長們做文案培訓。

　　這個機構各分校的招生廣告、海報等都是由各分校校長來寫的，大家都感覺學校本身很厲害，但是不知道如何寫。

　　培訓中關於長文案的寫作，我教的就是「描繪─承諾─證明─敦促」這個思路，在描繪部分用的就是「痛苦場景─解釋原因─給出承諾」這3步驟。

　　大部分人拿著框架創作時容易出現的一個問題就是痛點說了很多，但是後面的證明卻跟痛點無法一一對應上。在當時現場練習上就有一個亮眼作業，讓全場人都忍不住鼓掌，心甘情願把那

一次作業的獎勵送給了「貌美如花」隊。

　　「貌美如花」隊選的業務是中考作文培訓。中考作文培訓要面對的人群主要是那些孩子要參加中考，但是作文不是很好的學生家長，當然也包括一些參加中考的學生。目標族群很容易確定，在這裡，我們重點看看他們列的文案目標：

目標大綱項	詳細填寫
明確說話對象	準畢業班的家長為主，學生為輔
文案的變化結果	看完我們的文案後，他們將認同我們的專業性，相信我們可以把孩子作文水平快速提升，並且願意報名
從理性上訊息傳達	1.「3步法」作文方法可以很精準地解決孩子的作文問題 2. 老師專業：由連續押中三年中考考題的老師親自輔導 3. 小班教學，報名名額稀少
從感性上情緒推動	信任我們的培訓機構

　　接下來，他們運用「描繪—承諾—證明—敦促」方案準備內容大綱，描繪部分選用的是「痛點場景—解釋原因—承諾」框架。

　　他們的標題是：《連續3年押中中考作文的語文肖，教你3步衝刺作文滿分》，用的是「賣點+收益點」的方式，賣點是這個培

訓機構老師的專業:「連續3年押中中考作文的語文肖」,收益點
就是能夠寫出滿分作文。

接下來重點向大家展示一下他們這支隊伍的內容大綱。

描繪:

這個團隊在描繪階段,提到的痛點就是中考語文考試中,作
文丟分嚴重的情況,然後解釋為什麼作文會丟分呢?主要原因
有3點:

(1)容易離題。

(2)素材陳舊。

(3)結構混亂。

這3點是中考作文中最容易丟分的原因,搞定這3點,作文分
數就不會低。果然是經驗豐富的老師寫的文案,這個內容如果讓
其他新手來寫的話,這幾個點未必能夠抓得這麼準。所以寫文案
的人必須要對自己的產品服務足夠熟悉。

承諾:

接下來引出課程,告知用戶他們能夠解決的問題,並由連續3
年押中中考作文的肖老師親自教授。

證明:

培訓班主要針對以上3點,快速提高孩子作文分數:

（1）精準審題2步法，解決容易離題的問題。

（2）推出10個新穎素材，解決素材陳舊的問題。

（3）10篇經典樣板文參考，解決結構混亂的問題。

這3個證明的點，完美解決了之前所說的痛點。

敦促：

最後告知報名具體事項，強調名額稀少，只有6個，引導大家報名。

「貌美如花」隊的痛點抓得準，內容框架沒有一處是多餘的地方，這樣的內容大綱就能直接應用於創作文案了。

培訓結束後，負責人林總也激動地跟我說,這次培訓內容很充實，效果很棒。

運用這個方法你也可能出現的問題：

好文案是聊出來の討論組

靜默
> 我們最近負責給一個洗面奶客戶做網路推廣，就嘗試過運用這個方法，還挺好用的。

小國寶
> 靜默哥哥來說說具體怎麼回事？

靜默
> 是這樣的，這個洗面奶主要功能就是清潔，但是設計得很有意思，按出來的潔面泡沫是一朵花的形狀。

好文案是聊出來の討論組

無邪

> 聽起來不錯。

小國寶

> 快點說說具體怎麼做的。

靜默

> 痛點：為什麼天天用1000元的精華液，但是皮膚還是沒變好，即便用奢侈品級別的LAMER，皮膚還是很差？
> 解釋原因：因為臉沒清潔到位，皮膚就不吸收，用再貴的精華也是枉然。估計我這麼說一句，別人也未必能夠相信我，所以為了去證明這個觀點，廣告文案裡對比了清潔不徹底的皮膚和健康皮膚紋理圖給大家看。
> 承諾：給大家介紹一款洗面奶。然後分別從不同的角度證明這個產品的優勢，說事實，擺證據。

小國寶

> 聽起來不錯，我好像有點興趣了。

靜默

> 其實我覺得這個有用，是因為我們老闆後期看膩了這個文案，然後要求把前面的內容做一下調整投放到情感類帳號去。

無邪

> 然後呢？調整成什麼樣了？

靜默

> 然後啊，我們就調整唄，在痛點前面加了一個小故事，通過送禮物的角度切入，講了一個老公很浪漫，結婚後送了老婆一部一直很想要的跑車，結果這時候老婆心裡雖然認為跑車不適合，但還是很感謝老公，之後她就開這部車去買菜接孩子。

好文案是聊出來の討論組

靜默
接著把話題轉入到其實老公可以送老婆一種花，就是這個潔面泡沫花朵。

小國寶
這個想像力很厲害！

靜靜
所以，這個效果如何？

海豔
一開始說情感故事，突然植入了一個廣告，哈哈。

靜默
其實文案內容完全一樣，就是前面增加了一個小故事，效果就差了很多。購買的人沒有之前的多。

其實你可以想像一下，明明一開始看到的是情感故事，結果你的廣告突然出現，而且銜接得有點生硬，情感和認知上的感受完全不同啊，如果你一開始講的是關於洗面奶的故事，應該還會好一些。

小魚

靜默
老闆說讓文案更柔軟一些……

賣貨的文案還是硬一點好。

小魚

小國寶
靜默，你的文案還需要修改一下！

靜默
@小國寶，嗯！

別擔心你的文案很硬，重要的是：你所說的痛點準確。

好文案是聊出來の討論組

飛飛

對了，我還發現了一個問題，不管是在描述痛點後的文案內容中幫用戶排除相應選擇，還是解釋原因，標題用之前小魚老師說過的解決痛點的方法就可以了。

靜靜

對，不管是「痛點+解決方案」還是「數字+解決效果」都可以直接套用。

鯨魚

對呢，這個標題和內容，完全是一致的啊。

是呢，飛飛好眼力，我們們現在是一項一項分開來講而已。「痛點+解決方案」在你的長文案、軟文的前期結構中也一樣可以直接用，甚至也可以用在廣告創意上。

飛飛

對哦，原來標題、廣告創意、長文案的寫作思路都完全是可以通用的！

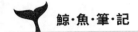

鯨·魚·筆·記

同樣是在文案開頭說出用戶的痛點，你可以有不同選擇：

（1）「痛苦場景—排除相應選擇—給出承諾」，通過描繪痛苦、麻煩場景後，幫用戶排除相應選擇，然後把用戶注意力引導到我們的產品上。這個方法適合有特點，跟同類有區別的產品。

（2）「痛苦場景—解釋原因—給出承諾」描繪痛苦、麻煩場景後，解釋問題產生的原因，讓用戶自然而然地關注我們的產品。這個方式適合特點不明顯，但能展現品牌專業度的產品。

（3）「痛點+解決方案」的標題方法，也同樣可用於長文案，描述完痛點場景，就直接給出解決方案。

描繪理想場景，讓人對產品充滿期待

通過描述痛苦場景引起用戶的共鳴，用戶就會想去尋找相應解決方案，而通過描繪理想場景呈現出有了這個產品能夠達到的效果，也同樣會引起用戶對產品的期待。

我們把「痛苦場景—解釋原因—給出承諾」框架中的「痛苦

場景」替換成「理想場景」來用。

```
      1          2          3
   理想場景─解釋原因─給出承諾
```

　　暑假期間,很多少兒在線英語平臺開始做大量廣告投放,投放在媽媽們聚集的自媒體平臺,假如有一個平臺找你寫文案,老闆提出要體現出平臺的特點:有AR技術,孩子學習更有趣。你可以先寫一個這樣的文案目標:

目標大綱項	詳細填寫
明確說話對象	4~12 歲孩子的爸爸媽媽們
文案的變化結果	看完我們的文案後,他們將認同孩子用有趣的方式學英語,效果更好並且嘗試領取我們在線英語試聽課
從理性上訊息傳達	1. 教學方式有趣,孩子才能學好英語 2. 孩子越小學英語,學起來越容易 3. 我們課程有趣,AR 技術讓學習更生動,且現在還能免費領取試聽課
從感性上情緒推動	英語學習有趣很重要,這家在線英語學習平臺在這方面做得不錯

　　嘗試運用理想場景該怎麼寫呢？總不能乾巴巴地說：「教學方式有趣，孩子才能學好英語⋯⋯」

　　大家不妨花3分鐘想想看。

　　接下來我們來看看微信公眾號「孟子他媽」是如何寫一篇軟文的：

理想場景

　　還記得兩年前澳大利亞華裔女孩艾絲特嗎？那時候她才兩歲，但是195個國家的首都倒背如流。

　　瓦加杜古、布瓊布拉、埃里溫、阿布紮比、薩格勒布⋯⋯無論這些首都的名字多拗口，她都能說得很溜的。

　　現在，這個小女孩4歲了，記憶力更棒了，還學會了漢語、英語和西班牙語三國語言。

　　這是「孟子他媽」運用的理想場景，雖然我們都不認識這個女孩，但是她說的這孩子在語言上的能力，讓我恨不得想讓這個孩子成為我的孩子啊。看完這個理想場景，爸爸媽媽的第一反應就是這孩子這麼厲害是怎麼做到的？她的父母做過什麼？我們能不能借鑑呢？於是，接下來的內容主要就是解釋原因。

解釋原因

　　艾絲特語言天賦那麼驚人，她是怎麼做到的？她的爸爸只做了幾件簡單的事情：

　　（1）自製課本教孩子課外知識。因為爸爸是人文課的老師，所以他的知識面比較廣。他結合孩子的認知特點製作了幫助學習和記憶的「課本」，內容從太陽能系統、成語、詩歌到數學，囊括了好幾個學科。

　　（2）陪著孩子一起互動。當女兒還在襁褓裡，爸爸就對她進行基本的教育了。他會拿出書本毫不厭倦地讀給她聽，也許她還聽不懂，但是慢慢能作出回應。艾絲特上學後，爸爸與她相處的時間越來越少，但是也會想盡辦法多陪著女兒，在家裡用英語、漢語以及西班牙語進行教育。

　　（3）挖掘孩子的興趣。爸爸剛開始給女兒讀詩歌的時候，沒有多在意。後來，他發現女兒對詩歌非常感興趣，還喜歡自己朗讀。他抓住女兒這一特點，讓女兒每天早上起來朗讀詩歌，女兒現在能背誦英國詩人威廉‧亨利的名作《不可征服》和其他的眾多著名詩篇。

　　有沒有注意到上面所說的原因，都在說明一個主題：女孩的爸爸嘗試了很多有趣的形式來教導。這個為接下來的廣告內容做好了鋪墊。仔細看看，這是不是我們文案目標中，需要讓別人知道的第一條：「教學方式有趣，孩子才能學好英語。」

　　但是很多人看到這裡會擔心，孩子這麼小就學習這麼多，應該會累著。接下來的內容就是告知文案目標中的第二條：「孩子越小學英語，學起來會更容易。」

　　孩子還那麼小，就讓他學那麼多，會不會累壞呀？其實只要

他們感興趣，學習就像玩一樣，學習就是放鬆的過程。

俄羅斯的一名四歲小女孩貝拉對語言有極大的興趣，媽媽教她學習英語，她一學就會，後來連媽媽都滿足不了她，乾脆請了各國的外教教她學習語言。

小姑娘每天學習語言6小時，在外教的幫助下居然輕鬆學會了6門外語。有人因此提出了質疑，這樣高強度的學習安排不是剝奪了孩子美好的童年嗎？

她父母卻說貝拉參加的這些課程在她看來都是有趣的遊戲，她自己也很喜歡，學習的過程就是玩的過程。

所以學習內容的好玩有趣，可以讓孩子愛上學習，學多久都不會疲倦。

而且孩子學習語言不能太遲。科學研究表明，五歲前是智力發展的關鍵期，兩到三歲是口頭語言發展的關鍵期，零到四歲是兒童視覺發展的關鍵期。兒童掌握詞彙能力和數概念的最佳年齡是五歲到五歲半。

所以兩歲的時候我們可以先和孩子口頭交流，四歲的時候可以借助圖片和動畫讓孩子加深印象，五歲左右就應該抓住時機增加孩子的詞彙量了。

日本著名幼兒教育專家也認為零到六歲是語言發展的最佳時期，處於這一時期的幼兒有形成兩個以上言語中樞的可能性。

千萬別覺得孩子太小了，學習能力還不行。正是因為年紀小，大腦的可塑性強，學習東西才更容易。

　　這樣一來俄羅斯小姑娘的故事進一步描述理想場景，說明孩子年齡小學英語更好，並且引用日本著名幼兒教育專家的觀點來解釋這個原因，接下來，就可以順理成章地引出了廣告內容，對廣告項目做介紹。最後在敦促部分，引導大家去掃碼領取免費在線課程。這只是一篇軟廣告，但是在這個公眾號上，閱讀量卻接近於10W+。

　　運用這個方法，你也可能出現的問題：

好文案是聊出來の討論組

小國寶

> 我雖然不是媽媽，但是以後有孩子了，孩子到4歲時，我肯定讓他去學英語。這個軟廣告標題叫什麼名字？我要去搜索出來學習。

> 《4歲天才女孩懂3國語言，只因為爸爸這麼做！》，你們發現這個標題有什麼特點？

小魚

小國寶

> 用了人群標籤啊，「4歲天才女孩」「爸爸」，能點開這個標題的顯然也是孩子差不多大的爸爸媽媽。這個標題寫得好啊。

> 因為這個軟廣告，我還真的去領取課程了，原本沒有想過讓我的孩子這麼小要學英語的……

小魚

小國寶

> 小魚老師你被BringBring傳染了「剁手症」！

好文案是聊出來の討論組

BringBring

哈哈，我現在明白了，原來理想場景是這麼回事，這個就好比我男友在追求我時，跟我說：「你如果和我在一起，以後我每天早上給你擠好牙膏，煎雞蛋給你吃。

小國寶

理想場景就好比我前男友追我時說：「以後我的錢都是你的錢，拿去隨便花，想買什麼就買什麼。」

無邪

我發現你們所說的理想場景都有所不同啊！

那是因為說話對象不同，就好像我們的用戶不同，他們在乎的也不一樣。BringBring希望未來的理想生活是早起有人給擠牙膏、煎雞蛋，小國寶期待的是掌管財政大權，想買啥買啥。她們的男友（或者前男友）可都是做過目標族群分析才決定給對方許諾一個怎樣的未來，描繪一個怎樣的理想場景。

小國寶

這麼說，其實不管用什麼方法，都要根據目標族群來。

對，理想場景就是給用戶許諾一個美好的未來。用戶是誰當然很重要，所以寫文案前要釐清楚「對誰說，說什麼」。你看，剛剛那個案例呈現的就是家長對孩子在英語上的期望啊。

小魚

靜默

怎麼許諾呢？

找到用戶使用產品最想達到的效果，把這個效果呈現出來。

小魚

好文案是聊出來の討論組

小國寶

如一款男用香水,男人使用是為了讓自己更有魅力,更能吸引女性的注意。這時候就會用一個很符合香水氣質的男模來代言,甚至表現出很多女性為之瘋狂的畫面。

小國寶

目標族群希望看到的理想場景就是讓人呼喊出:「哇!猛男!」

無邪

所以假如為一個男裝品牌寫廣告文案,找一個好看的模特穿著我們的衣服拍照就是理想場景,能讓人看到穿著衣服美好的樣子,甚至我們還可以把模特帶到咖啡館拍照也是想告訴用戶,你看,未來你也能穿著這件衣服去咖啡館。

小國寶

所以才會有那麼多買家秀和賣家秀的對比。

BringBring

是呢,我皮膚比較黑,所以每次看到有的廣告說一個月後你的皮膚會變白,我就特別心動,也很期待自己能夠一個月後變得那樣白。因為想追求這種理想的狀態啊。

敲

黑

板

呈現理想場景,也應根據目標族群的需求來。

好文案是聊出來の討論組

BringBring
哎呀，我剛在一個快遞公司的微信公眾號買了一支美白精華……

小國寶
BringBring，你又在奇奇怪怪的帳號裡買各種沒聽過名字的東西。

BringBring
我……自己也沒想到啊，明明點進去是看各種明星八卦的，我給你們看看類似的標題：
《91年鄭爽罕見發福，82年孫儷還有少女感，聰明的女生，從來不會虧待自己》，你們能猜到這是賣什麼的嗎？

靜靜
感覺是情感八卦文，不過既然你說了是賣東西的，估計是減肥藥？

無邪
是，應該是減肥藥。

BringBring
告訴你們，這是一個調節腸道菌群的保健品。

BringBring
再給你們看一個：《王菲：有沒有教養的女生，過的是完全不一樣的人生！》

海豔
教養……這個詞讓我想到應該是跟讀書有關的課程。

BringBring
是的，軟文在介紹一個讀書欄目，再給你們看一個：

好文案是聊出來の討論組

BringBring

《42歲大S越活越年輕：防曬做不對，顯老二十歲！》這樣的標題我也很想點進去看一下啊，類似大S這樣的明星類的標籤深得我心，我真的想知道，他們明星那麼美都有哪些保養秘訣，這個標題很明顯是講防曬的。因此我就被說動了，就直接順手下單啊。

小國寶

我也剛看到了一個：《俞飛鴻47歲還不結婚：過得好的女人，從不忽略這件小事》

BringBring

猜不出是賣什麼的，但是也很想點進去看看。

小國寶

是賣內衣的。

BringBring

我真的很嚮往他們那麼好的狀態，皮膚好，會穿衣，會打扮，會健身，很多都做得比我們好，為什麼不學習一下呢。

的確，我們大部分人都嚮往更理想的狀態，文案中總是借用明星網絡紅人等勾起我們對更好狀態的追求，對他們使用的產品、他們的保養理念等都會好奇，也更願意去學習。不過要注意，如果你的軟文想借用明星的話，要小心使用他們的名字和照片哦，這會涉及侵權，畢竟我們拿來運用算是商業用途。

小魚

BringBring

原來這樣，看樣子做文案不容易啊，做能帶明星沖流量的文案也不容易。

好文案是聊出來の討論組

> 如果和明星簽約，拿到授權的話，就可以在限定範圍內使用他們的肖像。

 小魚

畫
重
點

使用明星的姓名或照片固然好，小心侵權哦！

好文案是聊出來の討論組

 BringBring

> 呈現理想場景這個部分，是不是一定要在開篇運用？

> 我們只是建議開篇使用，但是你如果在文案中間、結尾使用，效果也會不錯。

 小魚

 BringBring

> 那是不是呈現完理想場景後，一定要解釋原因，說明為什麼能獲得這個效果？

> 也不一定的，把理想狀態呈現到足夠具體，不用解釋原因大家也一樣會期待。如我朋友kyle在他的同名公眾號上，賣去泰國遊玩的旅行券，就用了很多理想場景，包括運用當時的熱播劇《歡樂頌》裡安迪和小包總在泰國旅行的各種場景，還有一段描述，我覺得寫得非常不錯，發給大家看看：

 小魚

好文案是聊出來の討論組

BringBring

「在曼大皇宮玉佛寺的屋簷下瞻仰泰國國王的威嚴，零距離接觸泰國建築的藝術。

跟著《杜拉拉升職記》裡的徐靜蕾一起徜徉於小清新的杜拉拉水上市場，嘗嘗杜果糯米飯，品品椰子球，美食對味蕾的衝擊最能催生人最本真的幸福感。

走在芭提雅燈紅酒綠的大街上，盡情釋放自己的身體和靈魂，這裡的夜足夠瘋狂。

在泰國醉美格蘭島和月光島的，沙灘上曬曬太陽，發發呆，看看藍天，白雲彷彿伸手即可觸到。

順便去一望無際的海景懸崖餐廳體驗美食，傳統的泰式按摩，精油SPA，按去一身的疲憊與壓力。」

BringBring

我也想去泰國了！這個呈現理想場景說得非常具體，看完了就超級想去。

是呢，這篇軟文推廣4天，銷量是平時銷量的兩倍，銷售額在18萬元左右。

小魚

BringBring

好厲害，可以發我學習一下嗎？

你可以搜索《1498元居然可以暢遊泰國！碧海藍天、懸崖餐廳、五星酒店……你想要的都在這裡了》，對了，因為這篇文案帶來的銷量很好，後來廣告主又在這裡投了一次廣告，記得新軟文也運用了好多理想場景，你也可以去搜索《她是彭于晏心中的女神，35歲活成了每個少女想要的樣子》

小魚

BringBring

收到！

畫重點

呈現理想場景要足夠具體。

? 考考你

搜索《她是彭于晏心中的女神，35歲活成了每個少女想要的樣子》，說說裡面都描述了哪些理想場景？

證明：2個內容方法，讓信任感倍增

「寫作應該精雕細琢，但這不是最重要的方面，是寫作重要的任務。最重要的寫作原則是讓觀點得到充分的論證，細節使文章更可信，更難忘。」——加拿大：布蘭登·羅伊爾

我們團隊裡的無邪是個內向不擅言辭的人，她之前接到了一個任務，就是去說服別人讓她優先使用複印機，因為她所在的辦公樓區有個投幣式複印機，經常很多人排隊複印資料。她給自己準備了3種話術，在別人還沒投幣前，她想知道哪一句話更能說服

別人：

（1）「抱歉，我有5頁紙要印。可以讓我先用這台複印機嗎？」

（2）「抱歉，我有5頁紙要印。可以讓我先用這台複印機嗎？因為我現在有急事。」

（3）「抱歉，我有5頁紙要印。可以讓我先用這台複印機嗎？因為我必須複印。」

想想看，哪一句話更能讓別人願意讓無邪優先使用複印機？

有人曾經做過一個實驗，當你不提供任何理由的時候（第一種情況），60%的人同意讓要求者先用複印機。當給出「現在有急事」的理由時（第二種情況），94%的人說可以先用。而當給出比較荒唐的理由「我必須複印」（第三種情況）時，還是會有93%的人同意讓對方先用。給別人一個理由，別人會更願意聽信你。

在廣告文案中，也同樣要給用戶購買的理由，強有力的證明會讓人更願意信任你，畢竟你要別人付出的可是實打實的金錢。那麼如何給出證明呢？我們分別從理性、感性兩方面來進行證明，接下來你將看到從這兩個方面證明的方法。

理性	感性
用權威、用數據 示範效果、用細節	講故事、客户案例 客户口碑

為什麼要分為理性和感性的證明呢？主要是因為人的大腦單純接收感性或理性訊息都未必能夠讓他心有所動。理性能讓人信服，感性能讓人感動，理性和感性結合更容易讓人行動。所以想要證明賣點，一定要理性感性結合起來。

理性證明第一點「用權威」。什麼是「用權威」呢？如我要賣給你一顆鑽石，你不相信我的鑽石是真的，那好，我給你鑽石鑑定證書。這個鑽石鑑定證書是由專業的機構頒發的，這時候你是不是會相信我呢？這個鑽石鑑定證書就是權威，這是權威機構的認證。同時權威的個人也能認證，比如醫生對於病人，老師對於學生來說都是權威。

之前看到過一個文案推薦一個商城，這個商城主打的特點是商品都是直接從工廠出貨，而且還是很多奢侈品的代工廠，「給大牌代工」就是運用了理性證明的「用權威」，這些工廠既然能夠給大牌做東西，那產品品質肯定不差啊。他們有一篇軟文為了引導大家去購買這個直接代工廠的商品，呼籲很多年輕人不必要花太多的錢去消費，還借用了一個權威來證明：

根據去年官方公佈的《2017年輕人消費生活報告》數據顯示，月薪5000元的比月薪20000元的更敢花錢，絕大多數年輕人都養成了「信用消費」的習慣。

網易嚴選的很多產品進行宣傳時就突出了他們的製造商是相應大品牌的製造商，這些都算是運用權威在理性證明。

理性證明第二點：用數據。主要是運用具體的數據來表現賣點。比如下面這些廣告。

香飄飄的廣告「一年賣出10億杯，杯子可繞地球三圈」，這個廣告為了表現銷量好，用了具體的數字「10億杯」，考慮到大家對於10億杯可能還沒有更多感覺，接著又更具體地描述說「杯子可繞地球三圈」，這樣一來感覺更形象。

一款保溫杯的廣告「想不到的輕盈250g，相當於一個蘋果的重量」，為了說明自己輕巧運用了類比，說自己杯子的重量250g相當於一個蘋果的重量，於是用戶立刻知道了這個杯子的重量。所以用數據可以考慮「數據+熟悉物類比」這個框架。

　　林清軒是一個國產原創品牌，專門做修復肌膚屏障的山茶花潤膚油。售價是600多元一瓶。這個價格對於大部分用戶來說有點貴，如何運用數據證明貴有貴的道理呢？

　　如果要體現貴，可以從不容易獲得山茶花油的角度入手。可以這麼說：山茶花90%原產於中國，俗話說「千年茶樹，二兩油」，可見山茶花油的珍貴稀少。一顆山茶花樹要長5年時間才可以開花榨油，而且要花開5季，經過秋冬春夏秋才可以從山茶花籽中提取少量的山茶花油，而一棵山茶花樹一年能榨取的原油大概只能用來生產7小瓶林清軒山茶花潤膚油。

　　理性證明第三點：「效果證明」。效果驗證就是告訴用戶這個產品很好。如有些護膚品為了展示保濕度，將護膚品直接塗抹在臉上，然後用測量濕度的機器給你看前後對比效果的數據。

　　兒童電話手錶為了說明自己防水功能好，直接把電話手錶泡在水裡展示給大家看。

還有好多這樣的案例：

（1）為了證明行李箱很堅固，店主直接站在箱子上蹦跳。

（2）為了證明床墊真的好柔軟，放生雞蛋在床墊上按壓。

（3）為了證明自己的手機很薄，直接拿來削蘋果。

一款蝸牛霜為了證明自己的抗氧化效果，把蝸牛霜塗抹在蘋果上，觀察蘋果的變化，想必很多人看完後都會心動，認為這個蝸牛霜抗氧化效果很好：

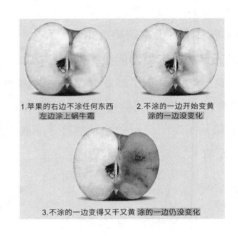

理性證明第四點：「用細節」。如果說這產品很好，具體好在哪裡呢？把細節說出來。比如要表達京東的快遞很快：「我今天上午下單，結果下午就收到了。」這時候，你就會感受到京東快遞到底有多快。這就是用細節。

有一種玫瑰花的產地在厄瓜多爾，為了說明這個產地的優勢，文案通過表現厄瓜多爾的環境、氣候、土壤有利於玫瑰花的生長。當然直接這樣說沒有說服力，所以需要具體地說明在什麼

環境裡，海拔是多少，什麼氣候、什麼溫差環境等，這些都是具體的細節。看完後，用戶就能感受到厄瓜多爾的玫瑰花跟其他的玫瑰花的區別究竟在哪裡了。

　　這個文案說了好多細節。解釋了為什麼這個土壤更適合玫瑰花：「縱貫南北的安第斯山脈製造出剛好的晝夜溫差」「由火山灰積澱的天然土壤中蘊含更多的礦物質，水中的化學雜質含量少」「從鮮花的培育，到生長，到每一枝花枝的選擇，再到剪切，都以萬里擇一的標準嚴苛對待」。「每天沐浴陽光 12 小時」等。當然這個文案的小標題還有優化空間，完全可以用「賣點+收益點」的方式來寫，這樣用戶一眼看完就能抓住每個小段所說

的收益點。「讓它從赤道而來，依然綻放如初」改成「獨特氣候環境，造就厄瓜多爾玫瑰」；「火山灰積澱的優質土壤」修改成「火山灰積澱的優質土壤，孕育飽滿的玫瑰」；「12小時充足光照」修改成「12小時充足光照，讓花朵明豔如初」，這樣調整一下，玫瑰花生長環境的好處就更突出了。

感性證明第一點：「講故事」。用故事來論證觀點、表達賣點。有研究證明人在聽故事時的大腦和一個人擁有愉快經歷時的大腦有一樣的反應。所以當你的廣告文案用講故事的形式來證明，用戶會更樂意看。

麥肯錫有一個故事框架SCQOR，我們可以學習一下：

設定狀況：品牌創始人原本生活安逸或者和大部分人一樣；

發現問題：但是突然有一天他遇見了一些意外，讓自己獲得了一個目標；

設定課題：主人公去為目標付出努力，但是發現還有其他具體的問題阻礙了他；

克服障礙：嘗試各種解決辦法，這部分主要描述經歷，也是故事的主體部分；

解決收尾：最後終於獲得解決，推出了某品牌或某產品。

我們文案要寫的故事類型主要就是三種故事：創始人故事、員工故事、客戶故事。雖然主角不同，但是情節基本是一樣的。

創始人的故事大家聽過的都比較多，有一個奶爸，為了不讓

女兒被熱水燙傷，克服很多困難，最終開發了一款能夠讓水溫保持在55℃的杯子。

員工故事比較熟悉的是鏈家網的三個故事：記錄房子的人、拍攝房子的人、核查房子的人。每個故事都是真實員工的故事改編的，如那個記錄房子的人曾經8年時間記錄了30個城市的7 000萬套房子，他需要去核查真實的房源訊息，在核查過程中，別人還懷疑過他是小偷。

客戶故事支付寶經常做。之前有一組講了22個真實的普通人的故事的文案，這讓我們能感同身受，支付寶給他們解決的一些問題很貼近我們的生活。

(註：在「葉小魚跑跑」公眾號搜索
「螞蟻金服22個普通人故事」看到更多)

不管是用創始人、員工還是客戶的故事，遵循的基本都是這樣的框架：「設定狀況─發現問題─設定課題─克服障礙─解決收尾」。

感性證明第二點：「客戶案例」。其實客戶案例非常好理

解，就是把客戶使用產品前後的效果展示出來。運用這樣的真實客戶案例說服力很強，更容易感染其他用戶。

　　我有個朋友楊老師教英語，她把自家的保姆培養成了雅思老師，還把公司的廚師培養成了課時費300元/小時的高級少兒英語老師，這個保姆、廚師就成了楊老師的成功客戶案例。你想一下，如果知道了這些案例其他人會怎麼想？保姆、廚師都能學得這麼好，那我們還會差嗎？

　　我有個朋友叫千泫，她是專門做形象設計的，對她來說，客戶案例就是直接把這個客戶形象改造前後的效果拿出來對比就好了。不用說太多話，別人一眼就能看懂。

　　感性證明第三點：「客戶口碑」。客戶口碑跟客戶案例類似，但不完全一樣，客戶口碑重點指的是客戶給我們好的評價。就像商品頁的客戶評價欄，我每次網購第一時間要看的就是這個口碑，整體評價都不錯的話，才會詳細去看產品介紹。但是值得注意的是，不是所有說你產品好的口碑都能用。客戶口碑不僅僅是要讓別人知道其他客戶如何評價你，更重要的是體現你好在哪裡，要足夠具體。

　　我給你們看兩個文案訓練營的客戶口碑：

　　A.小魚老師的文案課實在是太棒了！慶幸我報了這個課程。

　　B.我是個新手，剛入職做文案，一直被老闆要求修改，但是通過30天的學習，我有了文案創作思路，剛搞定了一篇文案，老闆還誇我了，感謝小魚老師。

　　A雖然也是口碑，但是不夠具體，別人看完也不知道好在哪裡，而B交代了學習前後的效果，從文案被改到被誇的變化。B選項還有一個好處，「我是個新手」這個說明了自己的標籤，讓相應的用戶，如其他新手看到後，會感受到：「我與這個客戶是一樣的情況，這個課程應該也很適合我。」新手、0基礎的人主要就是我們文案課的目標族群，選用這個客戶口碑更為適合。

敲黑板

客戶口碑需注意兩點：
　(1) 具體有效：能體現客戶使用產品前後的變化效果；
　(2) 客戶標籤：體現出對應人群標籤，讓相應人群感受到適合自己。

？考考你

以下兩條關於黃桃的客戶口碑，哪一條更好？為什麼？

A.挺好吃的，馬上就吃完了。

B.桃子與我拳頭一樣大，很新鮮，一口下去爆汁水，非常甜。

鯨·魚·筆·記

通過理性、感性的證明,可以讓你的文案更有說服力,也更容易打動用戶。

(1)**用權威**:通過第三方權威機構、人物的證明,可以讓人感受到產品的專業性。如賣鑽石有個珠寶鑑定證書,比如防蛀牙膏有專業牙醫推薦。

(2)**用數據**:把數據擺出來會更真實,通過「數據+熟悉事物類比」會更讓人感受到數據的強大,如「一年賣出35萬瓶,疊起來有4個珠穆朗瑪峰高」。

(3)**效果證明**:通過各種方式讓客戶看到產品帶來的效果,如為了說明手錶防水,把手錶扔到水裡給客戶看;也可以讓客戶自己證明,如去屑洗髮水的頭屑測試卡,你可以洗完頭後,測試一下,看看是不是真的頭屑減少了。

(4)**用細節**:具體介紹產品相關的細節好在哪裡,這會讓客戶更熟悉產品,如介紹一個保鮮盒,分別從密封圈、玻璃、盒蓋這三個細節來說明。

(5)**講故事**:通過故事框架SCQOR框架:「設定狀況—發現問題—設定課題—克服障礙—解決收尾」來編寫故事,可以寫創始人故事、員工故事、客戶故事。

（6）**客戶案例**：把真實客戶使用產品前後的效果拿出來說，說服力很強，更容易感染到其他用戶。

（7）**客戶口碑**：選用能體現客戶使用產品前後的變化效果，體現出對應人群標籤的口碑會更有效。

理性證明都側重產品本身，感性證明側重人。當你嘗試去證明產品賣點時，不妨嘗試用這個證明清單來檢驗和思考：

方法	理性證明				感性證明		
	用權威	用數據	效果證明	用細節	講故事	客戶案例	客戶口碑
打"√"							

運用3個心理學小知識，讓人動起來

用戶看完「描繪」「承諾」「證明」，會對產品熟悉並且信任產品的品質，接下來就需要總結一下整體賣點，加深一下我們對用戶之前說過的賣點。但是這樣還遠遠不夠。到了結尾部分，

用戶面臨兩個選擇，要麼直接關閉頁面（實際上大部分人都是這麼做），要麼按照你的提示購買。

那麼，怎麼才能讓用戶有理由立刻購買呢？我們運用三個心理學小知識促使用戶行動起來：損失厭惡、從眾心理、動作引導。

損失厭惡：立即購買的最大理由

損失厭惡是指面對同樣數量的收益和損失時，認為損失更加令他們難以忍受。你可以設想一下，我送你一個蘋果，以下哪種情況會讓你感覺很糟糕？

A.我給你1個蘋果

B.我給你2個蘋果，要回來1個

大部分人都會覺得B選項更糟糕，雖然都是獲得一個蘋果，B選項會產生損失掉一個蘋果的厭惡感，遠高於你獲得一個蘋果的喜悅感。也就是說，相對於獲得，我們更害怕損失。

在生活中，你可能也遇見過這些情況：賣車的人會想辦法讓你去試駕，試駕這個過程會讓你產生這個車似乎就是你的錯覺，如果你最後沒買就會有損失感。賣衣服的也會讓你盡可能試穿，說「買不買都沒關係，先試試看」，其實也是一樣道理。在文案前面的內容營造理想場景，也一樣是讓你有獲得感。到了文案的結尾會開始提醒你如果不現在購買，你可能會面臨失去它的損

失。我們主要通過促銷活動的限時限量製造緊張感，來促使用戶立即購買。

限時限量促銷的緊張感

珊珊原本是個上班族，她有個業餘愛好是烘焙蛋糕，吃過她做的蛋糕的人都對這些蛋糕讚不絕口，於是她決定離職專門做蛋糕。

為了讓自己製作的蛋糕提高銷量，她每天在朋友圈曬自己做的蛋糕，但一天最多只能賣掉3個蛋糕，這可愁壞了珊珊。她之前的領導知道這個情況後，給了她一個建議。因為一天能做的數量有限，他建議珊珊何不嘗試主打限時限量，一天只做一款蛋糕，每天只做7個，每天前3個蛋糕8折優惠。當珊珊把這個消息發佈到朋友圈時，沒想到一週的蛋糕都被預訂完畢。

限時限量讓人有緊張感。客戶會擔心今天沒買，明天就買不到了，給了客戶一個立即下單的理由。

值得注意的是，限時限量要配合促銷活動，如特價、送券等，表述時也應注意價格有對比，能夠讓人感受到價格的優惠。如同樣是價格99元，以下幾個表述效果完全不同：

A.特價99元，僅限今天。

B.原價299元，現價99元，僅限今天。

僅僅是加了一個與原價的對比，用戶感受就會不同。如果還想讓用戶感受強烈一點，可以嘗試跟同類產品對比價格，如：

C.同類產品價格一般都在199~299元，但是我們今天只賣99

元，明天恢復原價299元。

　　還可以把價格分解成熟悉的產品，讓人感受到消費的這份錢其實並不算多。我有一份99元的微信文案課，課程的最後就用了這個方法：「2張電影票的價格，用文字撬動微信變現力！」

　　把99元轉化為兩張電影票，把學習跟看電影的錢畫一個等號，用戶會不由自主地想：「是哦，我看電影也是花這麼多錢，學習也是花這麼多錢，這麼看來學習還是更有用處，至少還有希望用學到的知識賺到更多的錢。」

　　當然促銷活動除了特價，還可以用贈送禮品的方式以及買一送一、買一送三的活動來提高銷量。有些品牌不便於做特價促銷，擔心會影響整體品牌價格線和品牌形象，這時候往往會用贈送禮品的方式實現這一目的。

　　不管運用怎樣的促銷方式，重點是讓用戶感受到現在購買有優惠，通過限時的方式增加緊張感，用戶就會擔心現在不買就是損失。

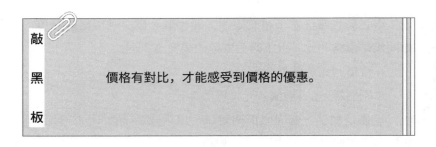

敲
黑
板

價格有對比，才能感受到價格的優惠。

運用這個方法，你也可能出現的問題：

好文案是聊出來の討論組

靜默

其實我們遇到過一個問題，之前給一個線下心理學考證培訓機構寫文案，最後到了敦促環節，關於價格，實在不知道怎麼說比較好，我們售價特別貴，達到了58000元，老學員推薦能優惠2000元，但是即使是這樣還是很貴，這時候應該怎麼辦才好呢？

有兩個方法，要麼給他分攤計算價格，要麼乾脆不說，讓用戶進行客服諮詢。

小魚

靜默

不太懂……

分攤計算價格，如58000元一個週期相當於每天只要花掉多少元來學習。相信這個你應該不陌生。賣保險的都會告訴你這些保險金額相當於你一天只花了多少錢在保險上。又或者是很貴的護膚品也可以這樣分攤計算，平均一下價值用戶就不會感覺貴了。

小魚

靜默

有道理。那第二個方法是不說價格，讓用戶諮詢客服，這個是為什麼？

因為價格過高，用戶可能存在的顧慮有很多。他們一看到價格，也很可能直接嚇得退縮了。此時我們讓他去諮詢客服，客服一定要先重點解決對方的疑慮，然後再報價。當這個用戶開始諮詢問題時，他在這件事情上付出了時間精力，後期掏錢的概率當然就更大。

小魚

從眾心理：讓人衝動的購買理由

當你在一個陌生城市出差時，中午吃飯的時候看到兩家店，一家正在排隊，而另一家則很安靜。這兩家店你會選擇哪一家？

如果我沒猜錯，你是不是選了那家需要排隊的。既然大家都選擇同一家，而且寧願排隊，說明這家店好吃。這其實就是從眾心理。

從眾心理指個人受到外界人群行為的影響，而在自己的知覺、判斷、認識上表現出符合公眾輿論或多數人的行為方式。

在文案中，我們如何運用從眾心理呢？

熱銷爆款：說明很多人都在買

（1）一家奶茶店怎麼做到熱銷？

我的朋友張明開了一家奶茶店，但發現同一條街上競爭對手很多，為了拉動人氣，他外聘大學生兼職排隊購買店裡的奶茶，很多路人都好奇，一家新開的店憑什麼能讓這麼多人排隊買？於是也跟著排隊。排隊的人竟然越來越多，這就營造出了熱銷人氣的氛圍，吸引了不少人從眾購買。為了擴大影響力，張明還特地安排攝影師拍下這熱銷場面，寫了一篇軟文投放在當地自媒體，結果又吸引了不少網友慕名而來。張明藉機專門做了幾個海報貼在門口：

「開店一個月就有近3000人喝過的奶茶。」

「被大家熱捧的奶茶，你要不要來喝一杯？」

「本店熱銷款奶蓋奶茶，2000+美眉都愛喝。」

　　奶茶本身口味也做得不錯，一開始雖然是營造出來的熱銷現象，但到最後就真的每天都有很多人排隊了，奶茶店也逐漸被當地人認可。

　　（2）一個小眾品牌充電寶如何吸引人購買？

　　許維是一家充電寶天貓店的營運，最近他很苦惱，他負責的充電寶品牌並不知名。充電寶的商品詳情頁文案已經優化了很多遍了，但是頁面轉化率仍然很低，只有0.5%，這說明進來200人，只有一個人會購買。

　　充電寶很多人只認品牌購買。所以許維不管如何強調自己的充電寶好，用戶都容易感覺那些知名品牌更可靠。許維最終想了一個方法，他發現「銷量排序」是網購商品的一個重要指標，所以按照銷量篩選商品的按鈕會放在前面位置，方便大家作參考。

綜合排序	銷量	信用	價格

　　許維的這個充電寶雖然頁面轉化率不高，但是在市場上累積的銷量也足有800萬件。因此他立即在商品圖上加上「熱銷800萬件」，在網站詳情頁描述的頂部和底部都強調「熱銷800萬件」，並且把累計評價數、收藏人氣數都寫上，讓用戶感受到熱銷。內容更新的當天訂單數達到了歷史單日最高。

　　熱銷，就是給用戶一個定心丸：你看，很多人都買，你的選擇肯定不會錯。

? 考考你

以下哪條內容不是運用了「熱銷爆款」的方法？

A.86532個馬蜂窩網友和你一起關注三亞的旅行

B.暢銷10年，服務10萬個家庭

C.耗時7658個小時，打磨而成

動作引導：讓人做出下意識購買動作

講一個有趣的心理學實驗：啟動效應。

心理學家約翰·巴奇（ John Bargh ）和他的同事們讓紐約大學的數位學生從一個包含5個單詞的詞組中挑出4個單詞來重組句子。其中一個小組的學生重組的句子中有一半都含有與老年人相關的詞彙，如佛羅裡達州、健忘的、禿頂的、灰白的或者滿臉皺紋的。當他們完成任務時，又被叫到另外一間辦公室，結果發現那些以老年為主題造句的年輕人比其他人走得要慢得多。也就是說，人會被相關詞彙影響到無意識行為。

在廣告文案中，我們也可以運用啟動效應，通過文字引導和圖片引導，讓人做出下意識動作。

直接通過文字或者視覺引導對方去購買下單，如「立即下單」「現在購買」「點擊這裡，直接購買」「戳這裡，就可以帶走這款好物」「轉發給其他人」「掏出手機，掃描二維碼，立即購買課程！」視覺引導就是用類似於箭頭、按鈕的方法，讓用戶

知道這是個按鈕，可以點擊。讓用戶在大腦中思考一遍這個行為，然後下意識地去做這個動作。

針對這個話題，我們討論組也進行了激烈的探討：

好文案是聊出來の討論組

靜默

> 這個其實很好理解，就是直接讓別人做出你想要對方做的動作，購買或者轉發等等。我之前負責一款APP的推廣，希望別人看完文案後下載APP。就是有時候會糾結到底應該用「立即領取」「立即下載」還是「瞭解詳情」「查看更多」「我也要玩」。

小魚

> 這個很簡單，如果是引導頁，希望別人點擊進入到我們的詳情頁去下載，說「瞭解詳情」「查看更多」「我也要玩」「前往領取」會好過「立即下單」「立即購買」「立即下載」。

靜默

> 為什麼呢？

小魚

> 因為是引導頁，不是具體的購買頁和下載頁，就應該盡可能讓人先點擊「前往領取」「瞭解詳情」「查看更多」「我也要玩」，這樣的表述門檻會很低，會讓用戶沒有壓力。

靜默

> 原來是這樣。

好文案是聊出來の討論組

是呢，之前騰訊做過一項調查，數據顯示用「前往領取」點擊率在67.9%，而用「立即下載＋下載遊戲」點擊率則在32.1%。
小魚

BringBring
那我是不是應該都用那些讓人感覺門檻低，很容易做到的表述，類似於「瞭解詳情」？

主要看情況，如果你的文案用在購買頁，那就應該直接說「立即購買」引導購買動作，如果你還在引導階段，比如在朋友圈看到這個廣告，然後通過這個廣告的引導進入購買頁，那麼這個引導頁就應該用門檻低的「瞭解詳情」「查看更多」「前往領取」「我去看看」之類的文字。
小魚

BringBring
啊，知道啦。

　　不管是運用損失厭惡、從眾心理還是動作引導，文案的最後都應該起到敦促的作用，讓人看完能夠動起來。如銷售文案的最後一定是要促進購買，品牌文案則很可能希望別人轉發等，重要的是一定要明確地把這個行動說出來。

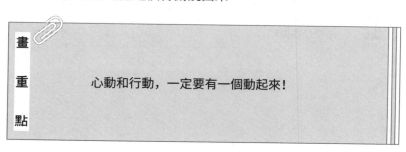

畫重點

心動和行動，一定要有一個動起來！

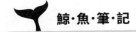

鯨‧魚‧筆‧記

（1）促銷活動要讓人有緊張感稀缺感，價格要有對比，敦促的效果才會更好；

（2）通過說明商品熱銷，如很多人買或者意見領袖也在購買，這些都容易讓其他人跟隨購買；

（3）直接通過文字、視覺引導用戶做出下意識的動作。

「簡短地展現以便他們閱讀，清楚地展現以便他們欣賞，如畫般地展現以便他們記憶，最重要的是，準確地展現以便他們被它的光明所指引。」　──約瑟夫‧普利策（Joseph Pulitzer）

第六章

靈活運用工具
方法解決問題

你以為你學到的思路僅僅是寫短文案、長文案？其實你如果真正掌握了「說什麼—對誰說—在哪說—怎麼說」，你能解決工作中的很多問題。

電商首頁的文案

之前我接到過一個項目，幫一家銷售枕頭的天貓旗艦店寫首頁文案。這個行業競爭很大，做同類枕頭的店舖也非常多，一開始很難找到合適的賣點來突破，因此我也是按照自己總結的方式開始慢慢入手。

說什麼：找到要說的點

文案思路其實就是一個解決問題的思路，你用這個思路，能夠搞定工作中的很多問題。

按照慣例，我理所當然是先問清楚「說什麼：找到要說的點」，因此我們首先要搞清楚三個問題：

（1）是什麼？瞭解清楚產品是做什麼的。

（2）為什麼？主要搞清楚兩點：①用戶為什麼要購買這個產品？②同類競品中，為什麼要選擇我們而不是別人？

（3）怎麼樣？不僅要知道是做什麼枕頭的，還需要進一步熟悉一下產品特點。

店主「快樂的居易」介紹說他們家銷售的是嬰兒定型枕（前文已簡單提到過），目前口碑很不錯，定型枕能調整0~1歲之間寶寶的頭型，只要按照他們的方法使用就會有效果。不過目前的苦

惱是，很多媽媽的孩子都1歲多了，如果這時候使用定型枕，效果已經不會那麼好了。因此店主希望能夠讓這些媽媽們知道，寶寶頭型問題在剛出生到一歲之間是最好的調整時段，希望大家不要在寶寶很大了才來考慮頭型問題。同時也希望那些還在懷孕的媽媽早點做準備，寶寶頭型問題提前防範好於後期糾正。

居易主動和我說過我想問的問題「用戶為什麼要購買這個產品」──0~1歲有頭型問題的嬰兒需要用定型枕來調整，沒有頭型問題用定型枕可以避免有頭型問題。所以接下來我就問他「同類競品中，為什麼要選擇我們而不是其他產品」，居易說枕頭本身差別不會太大，但是他們家的服務比別人好。有些寶寶頭型問題並非嚴格意義上的扁頭、歪頭，而是綜合性的問題，所以使用枕頭時也不能一味地按照說明書來。他們會讓媽媽們按照要求拍幾張照片發過來，他們會親自指導具體如何使用定型枕，然後根據實際情況再做調整。然而其他的店鋪不會這樣，枕頭賣了就賣了，所以居易家的定型枕客戶口碑很好，目前為止累計有6萬多的好評。

目標大綱項	詳細填寫
明確說話對象	正在懷孕的媽媽們或者寶寶 0~1 歲內的媽媽們
文案的變化結果	看完我們的店舖首頁後，知道寶寶在剛出生時是最適合用嬰兒定型枕的時候，並且認可我們的嬰兒枕是專業的，會考慮購買
從理性上訊息傳達	1. 寶寶剛出生時是頭型的關鍵維護時期，「提前防範好於後期糾正」 2. 產品特色：產品獲得雙專利技術 3. 服務特色：有頭型疑難問題可以獲得專業的指導
從感性上情緒推動	專業（目前想到的就是這個詞，回頭瞭解完同類競爭店舖，再考慮要呈現出一個怎樣的印象）

瞭解了這些情況，我差不多能夠列個關於這個店舖首頁的目標大綱了。

對誰說：找到目標族群

確定了要說什麼，接下來再瞭解一下對誰說。我們要瞭解的主要內容和之前提到的一樣：人群標籤、人群喜好、待滿足的需求、與本品類的關係、與本品牌的關係、對我們廣告的印象。

本身就是一個媽媽的我，差不多也能在心裡把這幾項內容一一填上。

類型及關係	人群特徵填寫處	參考選項
人群標籤	25~35 歲；女性；她們都在乎孩子的頭型	性別、年齡、地域、教育水平、職業、收入狀況、婚姻狀況
人群喜好	興趣愛好: 孩子剛出生不久，關注點都在孩子，關心孩子的吃喝住行用等 購物喜好: 喜歡貨比三家。 價值觀: 孩子的事情都是重要的事情	興趣愛好、購物喜好、價值觀
待滿足需求	能夠讓寶寶有個好頭型的枕頭	我們商品或品牌能夠滿足人群的哪些需求
與本品類的關係	第一次購買讓寶寶睡的枕頭，天貓上有很多選擇	使用和購買該品類的頻率
與本品牌的關係	沒聽說過這個品牌，不知道是不是可靠	使用和購買我品牌的頻率
對我們廣告的印象	第一次進這個店舖，感覺很雜亂	不認識？認識？有印象？知道是做什麼的

　　這次任務還有四個方面需要注意的：

　　（1）確定品牌個性、特色（又叫調性、風格）。好好研究一下同類競爭店舖，再確定我們自己的品牌個性。因為我們的客戶大部分都會貨比三家，我們得知道她們面臨著這麼多選擇，我們應該用怎樣的形象出現才更容易打動她們。

　　（2）根據品牌個性規劃店舖首頁，整體設計的顏色、文案都要符合原定個性。

　　（3）廣告語能夠體現出我們的產品定位，明確我們是做什麼的，特色是什麼。

　　（4）內容要有利於網頁設計師直接設計，你的文案不僅要讓客戶秒懂而且網頁設計師看完也能秒懂，不需要花額外的溝通時間確定設計細節等。

　　有沒有發現，這個文案任務彷彿上升到品牌策劃層面了，已經不僅僅是文案了。這對於大部分文案新手來說，確實有點難度。

廣告語、定位如何找

　　首先要先確定的是廣告語，之前我有提到廣告語如何寫，我們講過的寫標題的方法，能夠直接運用到這裡來。

　　「好看的顏值，媽媽給；漂亮的頭型，枕出來」

　　「睡出個漂亮寶寶」

　　「孩子是上帝的禮物，慢樂是送給孩子最好的成長禮物！」

　　「寶貝完美降臨，從‘頭’開始」

「××定型枕，媽媽身邊的嬰兒頭型專家」

「專業嬰兒枕，睡出好頭型」

看內容的話這些都很不錯，但是不知道大家還記不記得我們的廣告語要求：體現產品的定位，體現出我們的專業度。

因此我們最終確定的廣告語就是：「專業嬰兒枕，睡出好頭型」。

這個廣告語的框架是「賣點+收益點」，第一句話是睡枕的賣點，體現了品牌的專業性，第二句話是這個賣點能夠給用戶帶來的好處。

總結這個廣告語創作的過程，我們可以分3個步驟：

（1）分析競爭對手。

（2）找到他們沒說過的點。

（3）提煉廣告語。

1.分析競爭對手

我們需要大概瞭解一下每個品牌宣傳的點，分析一下他們的特點。

品牌A：新生代寶寶更好的選擇（無具體賣點，寬泛）

品牌B：×××（品牌B名稱）智慧系統（聽起來檔次高，但不夠具體）

品牌C：為兒童安穩睡覺護航（無具體賣點，但能體現給用戶的好處）

品牌D：荷蘭專業頸椎護理品牌（能體現專業，但沒體現是嬰兒使用的）

2.找到他們沒說過的點

通過分析你會發現，有一部分廣告語比較寬泛，少部分體現了自己是寶寶品類，有一部分在體現專業，但是沒有體現嬰兒枕的特性。那我們就找到一個中間點，既要體現品牌的專業性，又要體現自己是專門做嬰兒枕的。

3.提煉廣告語

同類競爭對手的廣告語都比較抽象，那我們就具體一點。重要的是沒人強調自己是專業做嬰兒枕的，既然大家都沒說，那我們就先霸佔著這個位置，這個方法在定位中稱為「搶先定位」。時間積累、推廣力度到位，以後別人想到嬰兒枕，就會先想到我們。

因此你要寫一個產品的文案，也可以考慮按照這3個步驟來。先把同類競爭對手是如何寫的，他們在突出什麼賣點也找出來，再嘗試找他們沒說過但用戶又比較關注的點，最後再開始文案創作。

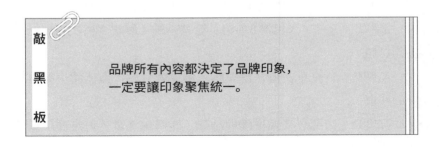

敲黑板

品牌所有內容都決定了品牌印象，一定要讓印象聚焦統一。

品牌個性怎麼找?

先讓我們瞭解一下品牌的七種個性:

美國品牌學之父戴維・阿克通過對品牌個性的研究總結出七種品牌個性:

品牌個性	具體表現及代表品牌
坦誠（sincerity）	腳踏實地、誠實、有益和愉快，如 Hello Kitty、海爾
刺激（exciting）	大膽、生機勃勃、活潑、富有想像力和時尚，如卡爾文・克雷恩（簡稱 CK）
能力 (competence)	可靠、聰明和成功，如索尼、本田
教養 (sophistication)	上流社會的和有魅力的，如資生堂
粗獷 (ruggedness)	戶外的和堅硬的，如萬寶路、駱駝
激情（passion）	感情豐富、靈性和神秘，如杜嘉班納（簡稱 D&G）
平靜 (peacefulness)	和諧、平衡和自然，如雅馬哈

這七種個性幾乎包含了所有主流的品牌個性，一般同一個品牌不會同時表現出七種個性，所以一般選用一兩種個性混合一下。如果個性太多就會給大家的印象不穩定，影響品牌個性的確定，而且兩種對立的個性一般也不會同時出現在同一個品牌上，如「刺激」和「平靜」是兩個極端的性格，如果放在一起一定會

讓人覺得不舒服。

接下來說說我們確定的嬰兒定型枕的品牌個性，我主要選了三個關鍵詞：坦誠、專業、溫情。

第一個關鍵詞：坦誠。為什麼這麼選呢？一方面媽媽都希望給寶寶的品牌偏向於「坦誠」和「平靜」，但是過於「平靜」又少了點生活氣息，所以最終確定為「坦誠」。另一方面在我跟居易溝通的過程中，也感受到對方是一個坦誠的店主。比如，之前廣告語我想加一句「三個月睡出好頭型」，他會反對我，因為他說有一些寶寶是實現不了的，我們不能欺騙用戶。

這個關鍵詞我們主要會在客服溝通中體現，跟頭型專家溝通中體現。一個坦誠的人絕對不會用恐懼心理來嚇唬顧客。給大家看看這些文案：「寶寶頭型糟糕，將會一輩子痛苦。」「睡不好，坐不住，十人九痔，不耐久坐屁股疼，腰痠背痛」，這些文案大部分使用了負面詞彙。而「坦誠」這個個性表現的是有益的、快樂的氣氛。在品牌形象設計上，也傾向於用愉快、真誠的話語去溝通。相對於說痛點，這個文案更適合用「理想場景」把賣點表現出來。比如第一句話就可以修改成：「寶寶有個好頭型，未來無論什麼髮型都好看」，這樣顧客的感受就會有所不同，體現出的品牌性格也完全不一樣。

第二個關鍵詞：專業。這個也確實呼應本身的定位。這個個性類似於品牌人格中的「能力」。我們可以在首頁頁面描述中體現出專業，強調我們要讓用戶知道的訊息：

（1）產品特色：產品獲得雙專利技術。

（2）服務特色：有頭型疑難問題可以獲得專業的指導。

第三個關鍵詞：溫情。之所以選擇這個關鍵詞，主要是基於目標族群的特性——媽媽。媽媽給孩子選擇產品時是溫情的，媽媽與孩子溝通時是溫情的。而且在其他同類競爭對手的店舖中，很少能讓人感受到溫情，大多都是在冷冰冰地賣貨。因此我們可以用具有故事場景的形式，如媽媽般的語言來寫文案。

我們寫的文案，就好像是使用過定型枕的媽媽說的話。

目標大綱項	詳細填寫
明確說話對象	正在懷孕的媽媽們或者寶寶 0~1 歲的媽媽們
文案的變化結果	看完我們的店舖首頁後，知道寶寶在剛出生時最適合用嬰兒定型枕的時候，並且認可我們的嬰兒枕是專業的，會考慮購買
從理性上訊息傳達	1. 寶寶剛出生時是頭型的關鍵維護時期，「提前防範好於後期糾正」 2. 產品特色：產品獲得雙專利技術 3. 服務特色：有頭型疑難問題可以獲得專業的指導
從感性上情緒推動	坦誠、專業、溫情

首頁應該如何規劃

現在我們已經明確了到底要說什麼。因此一個確定版的文案目標溝通大綱是這樣的：

品牌性情設置：
坦誠、專業、溫情

坦誠：真誠、愉快；
客服溝通中體現出真誠，文案體現出坦誠。
專業：充分展示嬰兒定型枕的專業性；
頁面描述體現專業性。
溫情：溫暖、有愛；
用具有故事場景的形式，如媽媽般的語言來寫文案。

所以這些是我們在天貓首頁要做的事情，讓用戶知道這些訊息，感受到我們的品牌個性。因為這是一份店舖首頁規劃文案，所以我們還要考慮整體設計。我之前說過，我們寫的文案要讓網頁設計師看到我們的內容，基本不用過多溝通就能直接執行。

因此我們首先就要規劃好整體顏色，確定每個位置放什麼內容。文案是這個品牌的「代言人」，網頁設計、平面設計形象都是這個人穿的衣服。我們可以想像一下，一個坦誠、專業、溫情的賣嬰兒枕頭的人，她會穿什麼顏色的衣服？想必大家首先想到的都是淡色，再加上這個寶寶睡枕LOGO的顏色是藍色，因此我們最終可以選擇藍色系。但是LOGO原本的藍色感覺太冷，能體現專業但是沒有溫情的感覺。因此我們可以選擇馬卡龍藍色。我們主色調定為馬卡龍藍色，另外還需要用一個淺淺的灰色做為輔助，因為如果全部只用一個顏色，用戶看著會很累。

　　確定主色調之後，就要考慮整個首頁如何去完成我們的文案目標。當然這也要根據用戶的視覺習慣來，如在網頁上，用戶的視覺路線就是一個「F」的路線。我用一個灰色的箭頭來表示一下：

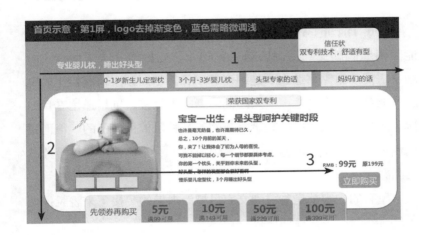

　　頂部是「F」的一橫，用戶都是首先習慣看這個頂部，而且是從左到右看。這一般都是一個店舖最重要的位置，就好像線下門店的店舖招牌一樣，需要告訴別人「我是誰」「我最大的特點是什麼」。如果把這個首頁當作一篇文案，那麼這個位置就是我們所說的「描述」和「承諾」部分，重點在描述「這是什麼」「能夠給用戶帶來什麼好處」。不過因為這是網店的店舖，所以不用過多地說痛點、理想場景，而是直接亮出主題。把品牌商標、廣告語「專業嬰兒枕，睡出好頭型」放上去，就能夠讓用戶知道我們承諾了什麼。再加上「雙專利技術，舒適有型」的產品特

色（這是需要讓用戶知道的訊息，這也是一個對承諾「睡出好頭型」的證明）。

0~1歲新生兒定型枕	3個月~3歲嬰兒枕	頭型專家的話	媽媽們的話

「0~1歲新生兒定型枕」「3個月~3歲嬰兒枕」這兩個按鈕能讓媽媽們感受到這個店舖是專門做嬰兒枕的。「頭型專家的話」這個按鈕點擊進去，是頭型專家針對不同頭型情況給出的建議，能體現出專業性。「媽媽們的話」這個按鈕則是運用客戶口碑，選用媽媽們說過的話證明我們的品牌是值得信任的。後面這兩個按鈕，在文案內容上可以體現溫情，文案最好不要用冷冰冰的話語。

所有的內容都是為達到文案目標而準備的，接下來說說這個「F」視線剩下的一豎和一橫。

「F」視線的一豎，就是左邊的內容安排了一個產品和模特圖，讓人一眼看到嬰兒枕以及枕頭的3個賣點。

（1）寶寶一出生，是頭型的關鍵維護時期，「提前防範好於後期糾正」。

（2）產品特色：產品獲得雙專利技術。

（3）服務特色：有頭型疑難問題可以獲得專業的指導。

需要讓用戶感受到：坦誠、專業、溫情

「F」的最後一橫，主要用來體現這個（1）。接下來我們用媽媽般的語言從剛出生、三個月、一歲三個階段溫情地說明一個

問題：「**寶寶一出生，是頭型的關鍵維護時期，提前防範好於後期糾正**」。

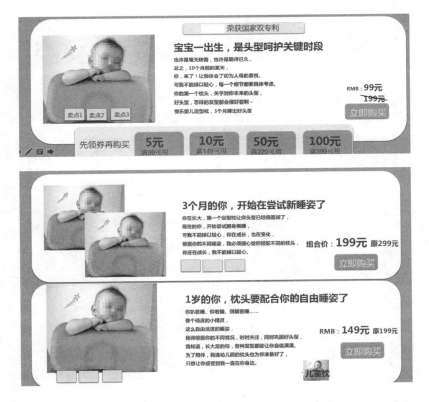

大家肯定也注意到了，價格旁邊還有一個與原價對比，這會讓用戶感受到現在購買價格比較優惠，而且還設計了一個購買按鈕直接引導用戶購買。

最下面還設計了領取優惠券的版塊，這是希望用戶看到後順手領取，一旦領取就有很大概率會去用它，也更容易促成購買。

接下來的內容是在完成目標大綱的「（3）服務特色：有頭型疑難問題可以獲得專業的指導」，因此我們設計了這樣兩個版塊「頭型專家」和「客戶口碑」：

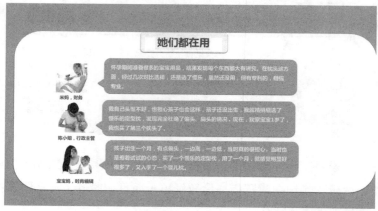

我選的客戶口碑並非僅僅只是簡單地羅列客戶口碑，而是作了針對性的選擇。

第一個是我們想主抓的購買人群是正在懷孕的媽媽們；

第二個也是我們想抓住的人群，就是頭型有點問題的寶寶的媽媽們；

第三個則是長期購買我們睡枕的媽媽現身說法。

這些客戶口碑不僅能增加信任，也能讓其他用戶容易感受到溫情。

當然在選擇客戶口碑的時候，他們所說的話一定要足夠具體，而不能光說：「啊，這個枕頭很好」。

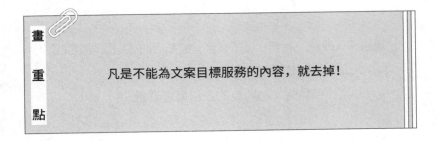

畫重點

凡是不能為文案目標服務的內容，就去掉！

能解決顧慮的商品文案才有高轉化率

我們有一個客戶是做了十幾年洗髮水、沐浴露的品牌，他們之前一直在給五星級酒店提供洗髮水、沐浴露，而且還在沃爾瑪賣過一段時間。現在他們推出了一款無矽油、零添加、去油、去屑洗髮水，但是在天貓旗艦店這款產品的銷量很低，因此拜託我們優化一下商品的詳情頁文案。

　　按照我們慣用的思路，應該釐清楚「說什麼」，那我們需要
做的就是了解用戶都通過客服提了哪些問題，提得最多的問題基
本就是我們需要解決的顧慮。

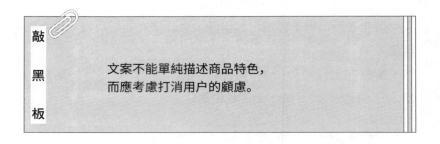

敲黑板

文案不能單純描述商品特色，
而應考慮打消用戶的顧慮。

　　通過深入瞭解，我們知道了買家一般都會問客服這幾個問題：
　　（1）去油去屑效果好不好？
　　（2）品牌可靠嗎？品牌真的在沃爾瑪賣過？

　　目前市場上同類的詳情頁文案，都在鼓吹自己商品有多好，
但其實商品有優點也有缺點。我們有時候需要把缺點轉變成優點
來說，但是如果商品的缺點都能夠帶來好處，用戶肯定會毫不猶
豫地下單。
　　這也是尋找商品賣點的一個切入點，化劣勢為優勢。給大家
看個案例：
　　Avis安飛士租車：我們的櫃檯前人更少。
　　安飛士是租車市場的老二，老大是Hertz赫茲租車。赫茲租車
生意很旺，櫃檯前都要排隊，而安飛士顧客很少。運用這個廣告
語，他把這個劣勢轉變為優勢，用戶量也有了很大的提升。

　　回到我們這次的客戶，我們這個商品的去油、去屑的效果比
不上專業藥物。主要是因為純天然、零添加，所以去油、去屑的
效果不會很快。但是如果把劣勢轉化為優勢，這樣效果就會很不
一樣：

也许，在购买洗发水之前，你该问自己一个问题，我需要一款怎样的洗发水？

強效快速去油去屑　　　　　　无硅油　　　　　　无硅油
　　　　　　　　　　　　　　　　　　　　　　无其他添加
　　　　　　　　　　　　　　　　　　　　　　草本滋养
　　　　　　　　　　　　　　　　　　　　　　去油去屑

A　　　　　　　　B　　　　　　　　C

如果你选择A，建议去药店购买，因为只有药物才能做到这么神效.
如果你选择B，不妨继续看下去.
如果你选择C，我想说，我可能是你要找的，虽然，我无法一次就做到像A洗发水那样.

　　這個選擇題很有意思：一是回答了我們文案目標的第一個問
題，幫助用戶排除了其他選擇；二是也體現了我們的特點，而且
還感受到品牌的真誠，一點都不浮誇。

　　接下來就要解決第二個問題，那就是品牌信任的問題。我認
為大概有這三個方向：

　　（1）在沃爾瑪賣過，這個算是最權威的。

　　（2）品牌做了20年，口碑還是有的。

　　（3）這個品牌是個中醫藥大學教授研發的。

　　第一點可以把我們品牌之前在沃爾瑪做的商品陳列的圖用
上。第二點可以選用品牌老用戶的客戶口碑，可以直接體現這個

品牌可靠。第三點就需要讓用戶看到這個中醫藥大學教授的樣子以及他說的話，這樣比起證書會讓用戶更有信賴感。

中医药大学教授潜心研发11年，
草本配方，28天调养出健康平衡的头皮。

"
我们不迷信效果的立竿见影，因为物极必反。
草本配方的温和，才会在长久使用后出现润物细无声的效果。
因为草本配方，所以也没必要更多添加。
就像植物的生长，如果要长得好，土地必须要肥沃，土地本身足够肥沃，更无须额外施肥。
给我28天，调养出一个健康平衡的头皮。 "

——中医药大学教授：XXXXX

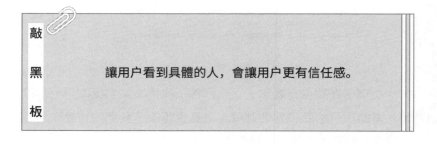

敲黑板

讓用戶看到具體的人，會讓用戶更有信任感。

這個文案完全能夠感受到教授的真誠、專業：

「我們不迷信效果的立竿見影，因為物極必反。

草本配方的溫和，才會在長久使用後出現潤物細無聲的效果。

因為草本配方，所以也沒必要更多添加。

就像植物的生長，如果要長得好，土地必須要肥沃，土地本身足夠肥沃，更無須額外施肥。

給我28天，調養出一個健康平衡的頭皮。」

這個講解充分說明了商品原理，告訴大家這個洗髮水不能一洗就見效的原因是頭皮需要一個調理週期。「就像植物生長，如果要長得好，土地要肥沃」這句話運用比喻的手法把頭皮喻為土地，把頭髮喻為植物。也更能讓用戶形象地理解這個原理。

 鯨·魚·筆·記

（1）找商品切入點，劣勢也能變優勢。如文中提到的洗頭水去屑、去油效果不明顯，但是效果不明顯的原因也正是因為成分天然，這樣我就能接受這個效果不明顯了。而且把缺點說出來，也能讓人感受到真誠。

（2）讓人看到一個真實的人，更容易獲得用戶信任。不少品牌會直接把創始人照片放在包裝上，當我們看到他們包裝上有真實的人，就會感受到創始人對產品的信心。

（3）文案所有內容都是為文案目標服務的，理解目標族群在想什麼，他們有什麼顧慮，也會更有利於我們釐清楚文案目標，知道要對他們說什麼。

（4）用比喻能讓文案更生動。對於頭皮和頭髮這樣的關係，一般人都不太懂，但是如果用比喻，用我們熟悉的事物來類比，用戶就很容易理解了。文案並不是簡單地把要說的話說出來，還要考慮如何讓用戶看完就懂。

學會拆解自媒體文案，變成文案高手

之前講的大部分都是電商類文案，自媒體文案應該怎麼寫呢？

我們之前提到的思路在自媒體文案中也一樣通用。我先展示一下我的好朋友楊小米的一篇自媒體文案。

《歷時6個月，花了3個iPhoneX的錢，我的牙齒問題解決了……》這篇銷售軟文轉化率非常高，我們可以看看小米是如何寫這個內容的。按照「描繪—承諾—證明—敦促」的框架來看小米是怎麼說的，看完後我們還可以進一步探討這個文案後面的「說什麼」「對誰說」「在哪說」。

這個開篇的「描繪」其實很明顯，第一小節是描繪痛點場景。

去年，我給大家分享了我的看牙經歷，醫生查出來我有七顆牙齒要補，其中一顆還因為齲齒嚴重需要做根管治療，做完後還需要做冠，另外還有4顆智齒要拔。

醫生當時告訴我，我的牙齒問題要全部解決起碼要6個月，說實話，這6個月真是太漫長了。

因為治療並不是一次做好的，次數多、流程長還需要循序漸進。每次去醫院，躺在治療專用的椅子上，聽到儀器嗡嗡響的時候，內心的痛苦感就來了，每次一治療就是一個多小時，一打麻藥就感覺嘴都腫了……

有了這次的經歷之後，現在我特別重視刷牙，不僅每天早晚刷牙，飯後還要漱口，堅持用牙線。一是我再也不想受這樣的

苦；二是我也特別心疼錢，我這套治療，加起來花了3個iPhoneX都不止了。

```
        1           2           3

   痛苦場景──解釋原因──給出承諾
```

　　這個文案裡有齲齒導致的痛苦場景：牙齒問題要解決存在時間長、流程長的煩惱，治療牙齒很痛苦還要打麻藥，而且還費錢。為了突出費錢，還用了一個類比──「加起來花了3個iPhoneX都不止了」，這能讓人直接感受到究竟花了多少錢。

　　我也問過醫生，我每天早晚都堅持刷牙，為什麼還會有齲齒呢？
　　醫生告訴我，因為刷牙的方法不對或刷牙不夠認真，很多食物殘渣都堆積在牙齒縫隙裡，滋生牙菌斑，它長期附著在牙齒上，會引起牙齦炎、齲齒等問題。
　　牙菌斑是絕大部分牙病的罪魁禍首，日常刷牙就是為了祛除它們。
　　現在越來越多的牙醫推薦電動牙刷，相比在牙齒表面2D式清潔的手動刷牙，電動牙刷的潔牙是3D形式的，能通過高頻振動深入牙縫和牙齦，掃除口腔裡的牙菌斑。

　　接下來她開始解釋是什麼原因導致她這麼痛苦的。第二小節的後面就是推薦具體的牙刷，特別好的一點是，她還把這個電動牙刷與普通的牙刷進行對比，看到對比圖後，讀者會立刻感覺到還是電動牙刷好。

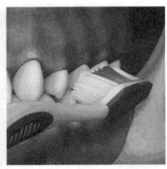

▲电动牙刷的清洁效率远远高于传统牙刷

　　至於「承諾」的部分，還特別說明了商品的3個賣點並加以證明：

　　（1）本款電動牙刷的外形設計：「刷柄由日本知名設計師根據亞洲人手型設計」，這個設計獲得了世界三大設計獎之一的「德國紅點設計大獎」，這個獎項號稱是「設計界的奧斯卡」。巧妙的是後面特別標注了這個獎項是「設計界的奧斯卡」，否則用戶不明白這個獎項的分量。

　　（2）牙刷的四種清潔模式能讓人一眼看明白這個牙刷有哪些功能。在這一部分，她還特地交代自己經常刷牙出血，但是用這個電動牙刷卻一點事兒都沒有。

　　（3）牙刷的價格。「我本來以為這麼好的產品，價格起碼

上千了吧？但其實才賣不到300元」，一開始說上千的價格，讓我們心裡有個「錨定」，然後又說「不到300元」，就會讓讀者感覺300元也不是很貴，這其實就是「錨定效應」。

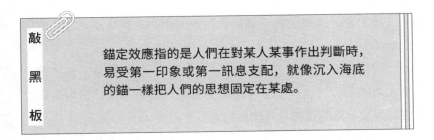

敲黑板

錨定效應指的是人們在對某人某事作出判斷時，易受第一印象或第一訊息支配，就像沉入海底的錨一樣把人們的思想固定在某處。

錨定效應的運用：

（1）店舖商品陳列。顯著位置擺放的是店舖最貴的商品。這樣讓人一進店舖看到的價格也成為心裡的錨，繼續逛下去就會感受到其他商品沒那麼貴，這樣可以促進消費。

（2）推薦商品時。先給顧客推薦更貴的東西，接下來推薦稍微便宜一點的商品（但對於同類來說還是略貴），顧客會更容易接受。

（3）打折促銷時，標出原價。原價也是一個錨。

「我本來以為這麼好的產品，價格起碼上千了吧？但其實才賣不到300元」就是運用了錨定效應。

接下來的「證明」分為兩部分：

第一部分：講創始人故事。（也就是全文的第3小節）

第二部分：商品具體賣點。

第一部分的故事也遵循了我們「描繪—承諾—證明」的框架。

描繪部分：講述了他妻子的痛點，市場上的電動牙刷不適合牙齦敏感的人，因為市面上的電動牙刷不管是刷頭大小、握感還是振動頻率都不適合亞洲人使用。

承諾部分：要設計一個適合亞洲人用的電動牙刷（我們的廣告商品）。

證明部分：獲得了知名投資公司及投資人的投資，也獲得了佟大為的認可，還登上了《芭莎男士》。這些基本都是用權威來證明這款商品的優秀。我們一起看一下原文：

Luther說他的妻子是做過正畸矯正的患者，再加上本來牙齦就敏感，是典型的易出血易酸痛體質。對於這種敏感的口腔，確實很讓人頭疼，在市面上購買了不少國外知名品牌的電動牙刷，情況依然沒有得到緩解。

於是，Luther萌生了自己做一把電動牙刷的想法。

亚洲人口腔特点

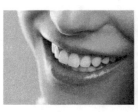

1. 脸型小，牙龈薄且脆弱
2. 以碳水化合物为主饮食，
   食物细小容易塞牙

3. 牙周情况复杂，
   容易产酸滋生龋齿

　　在他決定做電動牙刷之後，Luther做了一個近乎瘋狂的決定。他先是把自己的房產抵押掉了，貸出了300萬元的啟動資金，然後他託了很多同學，在世界各地大量收集電動牙刷。花了20多萬元買了將近1000把的電動牙刷。

　　然後，他把這1000把牙刷拆掉了！

Luther研究的近1000套電動牙刷中的一小部分

　　拆了後Luther找到了為何市面上的電動牙刷無法讓妻子滿意的主要原因：市場上大都是以歐美或類歐美產品為主，不管是刷頭大小、握感還是振動頻率，都不適合亞洲人使用。

　　Luther說，當時他就想明白了，要做一款真正價格親民又無敵專業，技術與時尚齊飛，品質與顏值兼備的好產品，讓電動牙刷成為國人洗漱臺上的必備品！

OraCleen團隊與佟大為在一起

這支熱血爆棚的技術宅創業團隊很快獲得了資本的青睞。

Luther與投資人徐小平在一起

2016年，OraCleen獲得極客幫創投、真格基金還有明星佟大

為的投資。佟大為至今只投資過兩個項目，而OraCleen就是其中之一。真格基金的徐小平更是只花了25分鐘就決定投資這個項目。

佟大為在OraCleen小歐的會議室

就連男刊領袖《芭莎男士》也出現了它的身影──

這個故事也遵循文案大框架「描述—承諾—證明—敦促」的原理，如果用故事框架SCQOR來解析會更細緻，我們一起來分析一下：

設定狀況：品牌創始人原本生活安逸。

發現問題：創始人妻子不能用市場上的電動牙刷。

設定課題：創始人就想要設計一款適合牙齦敏感的亞洲人的牙刷。

克服障礙：主人公去為目標付出努力，把自己的房產抵押掉了，籌集了300萬元的啟動資金，花了20多萬元買了將近1000把的電動牙刷。

解決收尾：最後解決問題，推出了這款電動牙刷。

第一部分寫得非常好，通過這個故事我們知道了這個商品的特點：適合牙齦敏感的人用，也適合亞洲人用，而且還獲得知名投資人的投資。雖然是個感性故事，但是裡面也有理性的部分，如用數據證明這個創始人的認真——「花了20多萬元買了將近1000把電動牙刷。然後他把這1000把牙刷拆掉了！」

第二部分：商品具體賣點（全文的第4小節），分別有三點：保護牙齦的核心技術、無線充電技術、智慧化。

第一個賣點是：保護牙齦的核心技術。為了證明這點運用了一些極具說服力的元素來證明：

（1）運用權威。憑藉自主馬達專利發明技術獲得了「國家高

新技術企業」稱號（注意：為了突出這個稱號的重量級，還特別
說明「中國電動牙刷領域有自主馬達專利的公司少之又少」）。

　　（2）運用數據。「在保持320gf.cm扭力輸出的同時，實現37
800次/分鐘左右的振動。」雖然大部分人對這個數據不瞭解，不
過運用數據會讓人感受到專業度，是值得信任的。

　　（3）運用效果證明。他們在實驗室裡做的花式測試，直接證
明效果。

启动OraCleen电动牙刷，刷头浸入水杯，能看到打出的气泡激流又多又细腻。

这意味着牙齿最难刷的缝隙也能冲刷干净，这些激流波动还能破坏造成牙菌斑的细菌
链，防止牙菌斑附着于牙齿表面至牙龈线下方5毫米的深度。

　　不管是用權威、用數據還是運用效果證明都在證明一個賣
點：保護牙齦的核心技術。

对比市面上很火的一款电动牙刷，刷头在水中也能打出水流和气泡，但要少很多。

每分钟31000次声波震动　　　每分钟37800次泡沫发生震动

普通电动牙刷　　VS　　ORACLEEN电动牙刷

实验后，果冻表面磨损较严重　　　实验后，果冻表面基本无磨损

杜邦尼龙刷丝　　　VS　　　Krex竹炭敏感刷丝
圆孔植毛　　　　　　　　　　　高密度植毛

　　第二個賣點是無線充電技術。這篇文章主要用數據證明「充電12個小時，就能持續使用20天以上」，這個數據很具體。小米還特地補充了一句：「一般的長短期出差和旅遊度假都不用帶充電器。」這句話補充得非常棒，這就是「賣點+收益點」的文案框架，這句話體現了充電快、用得久這兩個特點能夠給用戶帶來的好處。

　　第三個商品賣點是智慧化。小米的標題是「這是一款獨屬你的智慧化的電動牙刷」，這部分主要介紹電動牙刷配套的

APP，用戶可以直接與牙醫溝通諮詢。其實就是用細節來證明牙
刷的智慧化。

　　文章的最後寫了客戶口碑，這有一定的「敦促」作用。基本
到文章最後，讀者內容看得差不多了，是時候「感性加理性」地
引導客戶行動了。

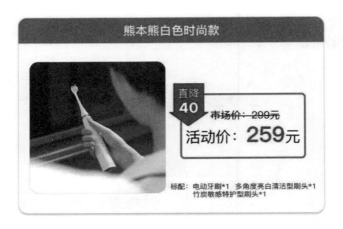

　　「長按識別下面二維碼或點擊文末 '閱讀原文' 到微信旗艦
店直接購買」這幾句話都是動作引導，刺激客戶下意識行動。而
「限時優惠，搶完即止」就是在運用「損失厭惡」，製造出限時
限量促銷的緊張感。而且最後還在強調價格的優惠，讓客戶感覺
現在不買就吃虧了。

按照我們的思路總結一下：

明確說話對象	「遇見小 mi」公眾號粉絲，他們大部分沒有用電動牙刷或者用的是其他品牌電動牙刷，對生活品質有一定要求
文案的變化結果	看完我們的文案後，知道電動牙刷的特點並且立即下單購買
從理性上訊息傳達	1. 更適合：適合牙齦敏感的人，也更適合亞洲人 2. 商品特色：技術過關，有強大的投資背景，好用 3. 促銷活動：現在購買還能享受小米粉絲專屬特價
從感性上情緒推動	1. 小米老師在真誠地推薦商品，跟著她買，很可靠 2. 產生如果不好好保護牙齒後期可能需要花更多的錢的擔憂

畫

重

點

　　學會拆解文案，是練習，更是學習。

　　文案創作是從「說什麼一對誰說一在哪說一怎麼說」的路徑來思考的，每一模塊都有具體工具，而拆解文案則是從「怎麼說」來推導出前面的「說什麼、對誰說、在哪說」。在這個過程我們仍然用「怎麼說」裡的框架（描繪一承諾一證明一敦促）來拆解，學習一下別人是如何運用這些方法的。

描繪：
　　這個部分提供兩個方法：一是描述痛苦場景；二是描述理想場景。可以根據自己的需要來選用。

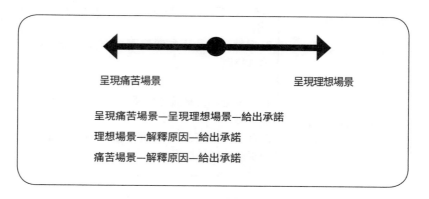

呈現痛苦場景　　　　　　　　呈現理想場景

呈現痛苦場景—呈現理想場景—給出承諾
理想場景—解釋原因—給出承諾
痛苦場景—解釋原因—給出承諾

　　拿著這個框架，看看別人的文案是怎麼寫出來的，還有沒有優化的空間。

　　如小米老師的這個描述部分，就會有人在看到這個描述痛苦場景後，大概能夠推斷出後面應該會解釋出現這種痛苦的原因，這會讓內容顯得更為專業，也更有說服力。如果小米老師這裡寫完了痛苦場景，不解釋原因就直接給出承諾，也不排除相應選

項，我們會感覺這裡有點怪，這其實就是因為我們內心已經有了文案框架，看文案也會不自覺地代入。

小米老師的說話對象都是對她熟悉的粉絲，在自己的公眾號上發佈，所以寫自己的痛點反而更為真實可信，也能夠感受到小米老師推薦商品的誠心。

承諾：

一般是通過描繪部分引出來的廣告商品或者服務簡要說明的賣點，主要用來點名主題。當然，如果你只是單純寫自媒體文章發表觀點的，這個承諾部分往往是表達主要觀點。

證明：

這部分其實是整體內容的核心部分。證明通常會分為幾個點來說。如介紹一個商品，會寫幾個主要賣點，然後分別從感性、理性兩方面運用相關證明方法來加以證明，讓用戶信任我們。

小米老師的證明部分主要分為兩部分。

第一部分講創始人的故事。突出了商品賣點：更適合亞洲人，而且能保護牙齦。

如何證明呢？此處主要運用講故事的感性證明，也運用數據來證明創始人的付出，拆了1000多把牙刷；也運用了權威，如知名投資人的投資，登上了知名雜誌。

第二部分寫了商品具體賣點。

（1）保護牙齦的核心技術。

運用權威。憑藉自主馬達專利發明技術獲得了「國家高新技術企業」稱號。

運用數據。「在保持320gf.cm扭力輸出的同時，實現37 800

次/分鐘左右的振動。」

運用效果證明。一個他們在實驗室裡做的花式測試直接證明效果。

（2）無線充電技術。

此處主要運用數據來證明，「充電12個小時，就能持續使用20天以上」這個數據很具體，並且充分說明了這個無線充電技術能夠帶來的好處。使用理想場景「一般的長短期出差和旅遊度假都不用帶充電器。」引導用戶購買。

（3）智慧化。

這一部分主要運用細節，讓人知道具體怎麼智慧化，用一張圖片展示這個配套的APP，在APP裡面可以直接跟牙醫溝通。

最後，還運用了客戶口碑，從側面說明商品的好處，讓人對商品的總體印象不斷加深。

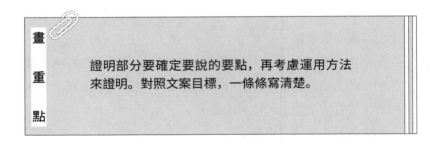

畫重點

證明部分要確定要說的要點，再考慮運用方法來證明。對照文案目標，一條條寫清楚。

很多人在證明部分寫得會讓人感覺很凌亂，主要原因是沒有搞清楚到底要說什麼。在證明部分，建議一定要分成1、2、3點這樣來說，這會讓你的文案變得有邏輯。

如我要介紹小魚牌口香糖。可以從原料、包裝、口感這幾方面來寫，又或者按照過去、現在、未來的時間順序的方式來寫，又或者是按照深圳、北京、上海的地理位置的方式來寫，又或者按照商品跟人物之間的關係，如小魚口香糖和戀人、閨蜜、同學之間發生的故事來寫。

總之寫證明部分，必須先找到你要寫的賣點，然後考慮運用什麼元素來進行證明，這會讓你整體文案的條理更清晰。

方法	理性證明				感性證明		
	用權威	用數據	效果證明	用細節	講故事	客戶案例	客戶口碑
打"√"							

敦促：

做為長文案最後一部分，主要目的是促使用戶看完後立即行動：

（1）損失厭惡。主要通過製造限時限量促銷的緊張感，讓人感覺現在不買就有損失。小米老師文案中就運用了這一點，有「小米粉絲專屬價格」「限時優惠—價格低過6.18」等。這個商品的市場價是多少，現在價格是多少。讓用戶感覺現在就是一個最好的購買時機。

（2）從眾心理。主要營造很多人都在買的氛圍，比如說明現在這個商品的熱度很高，是一個網紅商品，其實運用客戶口碑，也有類似的效果。就像小米老師最後的客戶口碑的運用，我們能

夠看到已經有不少人在買，而且買過的人都說好。

（3）動作引導。直接用文字或者視覺引導購買。這個雖然比較簡單粗暴，但是很有必要。這樣用戶即使不考慮購買，也會在大腦中考慮一下。如小米老師的「長按識別下面二維碼或點擊文末‘閱讀原文’到微信旗艦店直接購買」。

其實很多人看文案都沒有去思考別人是如何寫的，每一步都是如何處理的。當我們換個角度，用所學知識去看別人的文案時，才會發現別人到底好在哪裡，甚至看一些不太好的文案，也能夠知道不好在哪裡，哪裡需要改善。拆解別人的文案，也是一個很棒的學習方式。當然，如果我要寫一個其他的商品文案，也按照這樣的框架，對小米老師的文案進行仿寫，相信也不會寫得太糟糕。

學習文案真的不是一兩天的事情，需要多加練習。但是只要掌握了正確方法，相信大家離文案高手就不遠了，反正我挺有信心的！

？考考你

搜索楊小米的《范冰冰洗頭法火了，女神是怎樣煉成的？》，並運用我們本書中所說的方法進行拆解，看看小米老師都用了什麼方法來寫這篇文案的。

找對廣告投放管道, 讓文案紅起來

這一部分的內容和我之前提到的「在哪說」緊密相關,「在哪說」強調過三點:

（1）目標族群在哪就在哪說,讓廣告文案投放更精準有效。

（2）由「在哪說」決定「說什麼」,充分考慮用戶與廣告的接觸情況。

（3）巧妙運用「在哪說」,讓你文案出彩。

瞄準目標族群, 讓廣告投放更精準有效

「在哪說」就是指你的廣告文案投放在哪裡和用戶接觸。一般來說,「在哪說」都是由目標族群來決定的。如果你現在負責高端商務銀行卡的廣告文案投放,你覺得以下哪些地方更適合?

（1）地鐵站廣告。

（2）公寓電梯廣告。

（3）高端商務辦公樓電梯廣告。

（4）機場廣告。

大家有可能全部都會勾選,這是在廣告預算多的情況下,當然是能讓廣告覆蓋多少就覆蓋多少,只是如果在預算有限的情況下需要精選。大家可能會選擇高端商務辦公樓和機場。

這個商品是「高端商務銀行卡」,它對應的人群是高端商務人士,那麼這些人會經常出現在哪裡呢?地鐵站?公寓?既然是

高端人士，那麼以上這些地方出現的概率應該不高，他們應該有自己的車，會住在高端公寓，出差一般都會乘坐飛機。在他們經常出現的這些場所裡投放廣告，會讓我們的廣告更精準有效地讓這些目標族群看到。

所以「對誰說」決定了「在哪說」。要搞清楚廣告投放在哪裡，需要先搞清楚目標族群會出現在哪裡，這個道理其實大家都懂。「在哪說」也在一定程度上決定了我們的「怎麼說」，也就是文案內容。

充分考慮用戶與廣告的真實接觸情況

之前文案訓練營有個學員拍了公交站台的廣告圖發給我們看，讓我們猜猜是什麼廣告，結果我們微信群200多人裡沒有一個人猜中。

廣告畫面是一個小朋友裹著白色的棉被，手裡拿著一個聽診器，旁邊的文案是：

「寶貝別學你爸，每次感冒棉被當藥。」

然後右上角有個很小的品牌LOGO，右下角有個二維碼，下方寫著一行小字。這一行小字不蹲下來仔細看的話幾乎看不見：「掃碼吐槽來這裡，整年新衣送給你」。看到這樣一個廣告牌，有不少人猜這是賣家紡棉被的，也有人猜這是賣藥的廣告。我們完全可以想像得到，當行人們匆匆走過這個公交站台的廣告牌時，瞥了一眼這個廣告，他們會有什麼反應？這些行人肯定會搞不清楚究竟是賣什麼的。用戶這樣的反應完全沒有達到廣告的預期效果：一是人們根本就看不懂這是誰家的廣告，做了廣告也相

當於沒有做；二是根本無法給目標消費者帶來任何改變。

　　或許只有我們做文案的才會去掃碼探索，這個廣告到底是什麼。掃碼進去才發現，這是一個童裝品牌做的品牌互動廣告，邀請大家一起來參與吐槽爸爸的活動，獎品是這個品牌整年衣櫃免單。做為一個文案創作者，實在手癢，我就給他改了一下文案：

×××童裝邀你一起來吐槽爹
吐槽爹贏整年衣櫃免單
立即掃描二維碼，整年新衣送給你

　　這樣一來文案就會清晰很多，至少當行人經過這個公交站台，即使不參與這個活動，僅僅是瞥一眼，也知道是哪個品牌辦的活動。我後期又搜索了這個活動，發現這個活動線上做得非常火爆。在線上用的文案都是以吐槽為主，與我們開始看到的一樣，而且出現在用戶面前的是一系列吐槽文案，這樣反而很震撼，參與人數也達到了10萬以上，但是投放在線下公交站台，這樣的廣告效益被大打折扣。因此不同的廣告管道，文案也需要不同的創作方向。

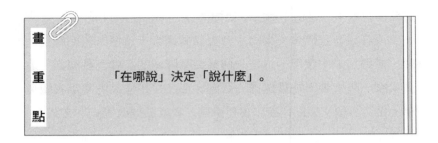

畫

重

點

「在哪說」決定「說什麼」。

認真考慮用戶與廣告接觸的真實情況

　　我們應該如何考慮用戶跟廣告接觸的真實情況呢？首先我們不妨把自己當作用戶，思考用戶在不同的節點會有什麼想法，他們會遇見什麼問題，然後怎麼思考。我們有沒有可能在這些關鍵節點傳達出他們想要的訊息，達到我們的文案目標。

　　如我之前負責國內大型便利店美宜佳的廣告文案時，就充分考慮了用戶從進門到出門的路線來安排廣告物料。當用戶在門外時，會用大型×展架和海報吸引他們的注意，至少保證讓用戶有個初步印象。當他進來推開便利店的玻璃門時，在平行於他視線的玻璃門上，會設置相應廣告物料，持續加強這個印象，當他在走向貨架，在貨架旁選購時也會增加廣告物料加強他的印象，當他走向收銀台時，收銀台仍然有相應廣告物料在傳達同一個廣告訊息。在便利店用戶選購商品的時間也非常短暫，但所有物料整合起來運用，效果和活動氛圍就會更加明顯。這些都是根據用戶的情況設置的「在哪說」。

　　有時候「在哪說」說的未必是實體的廣告文案，也可能說的是體驗。如大部分體驗好的電商品牌會充分考慮到用戶從下單

前、下單中、下單後的整個購物過程。很早之前的殼殼果、三隻松鼠，在你下單後，就會給你發來一條短信，告訴你快遞已經發出。當你拿到快遞，為了方便你開箱會配有開箱器，打開箱子準備吃堅果時，還會考慮到你不方便敲開堅果殼，給你配有開果器，當你吃完堅果後，還配有果殼袋、濕紙巾。

又如當你手上拿著這本書，我想用一個更為有趣活躍的方式跟你交流。考慮到你不僅在看書，也可能會在某一時刻快速翻動這本書，我特別交代朋友為我在書的邊頁做一組動圖配合你的翻動，這時你將看到一個小小的動畫，我也希望這個小動畫能夠在某一時刻給予你向前的力量。如果你還沒有玩這個小動畫，我建議你現在就試試，你也可以順手拍個小視頻發朋友圈，相信也會吸引不少趣味相投的好友跟你互動、點讚、評論。此時，這個翻頁小動畫又成了你的社交手段。

這些都是基於對你的瞭解考慮到的，也是在考慮到你與這本書將怎麼接觸的基礎上想到的方式。廣告文案也一樣，考慮用戶跟文案的接觸方式，在這些接觸點上考慮應該說點什麼，也許是簡單的幾句文字，也許是一個品牌LOGO、廣告語、圖形，也許是一些行為體驗的設計，這些都是充分考慮「在哪說」而得來的結果。

考慮「在哪說」時，你還能如何思考？

好文案是聊出來の討論組

無邪
其實我之前還真沒考慮過「在哪說」，老闆交代任務時，我也從沒問過會用在哪裡。以後我一定也會問問，這樣我思考文案寫什麼時還能多一點思路。

海豔
無邪，你還能想到些什麼思路呢？

無邪
我會根據用戶跟我們商品的接觸點，在他們能看到的地方設置相應的文案，又比如我直接按照用戶在電商頁面搜索相應關鍵詞去瞭解一下他們在這個過程中會在網頁上看到什麼？有什麼顧慮？然後在我的商品文案頁面解決。

小國寶
有些廣告投放位置也決定了廣告文案說什麼。記得有一個手錶廣告做的地鐵廣告就很有意思，頂部有很多扶手環，結果這個手錶品牌把扶手環做成了他們手錶的樣子，每個人去拉那個拉環都好像在戴著他們家手錶。給你們發圖片看一下。

小國寶

好文案是聊出來の討論組

海豔

> 在公眾號裡的軟文廣告會投放在不同自媒體帳號
> 上，自媒體帳號對應的人都有所區別有所不同，因
> 此應該根據情況做一定調整。另外我們針對企業客
> 戶和個人客戶的廣告做的也都會完全不一樣。

海豔

> 說到底，主要就是注意兩點：
> （1）充分考慮用戶跟我們廣告接觸的點。
> （2）考慮不同管道的不同需求，對文案進行調整。

❓ 考考你

　　假如你負責一款嬰兒紙尿褲的廣告投放，現在這款紙尿褲正
在做促銷，希望通過投放廣告帶來直接銷售，以下廣告管道，老
闆說只能選其中2個，你會如何選？為什麼？

（1）3~6歲育兒類公眾帳號廣告。
（2）0~3歲育兒類公眾帳號廣告。
（3）兒童成長類公眾帳號廣告。
（4）電商平臺首頁廣告。
（5）地鐵站燈箱廣告。

思考兩分鐘，再繼續看下去。

以上管道仔細想一下，你會發現主要廣告管道有三類：公眾號、電商平臺、地鐵站廣告。使用嬰兒紙尿褲的大部分是三歲內的孩子，在公眾號裡（2）選項最為精準，可以考慮把選項（1）和（3）排除；再對比（4）和（5）管道，顯然在電商平臺首頁做廣告更容易帶來銷售，在地鐵站裡的用戶基本都是很匆忙，未必有時間停下來因為一個廣告而購買。所以，我初步選擇了（2）和（4），你呢？如果有其他答案，也不妨思考一下你選擇的理由哦。

巧妙運用「在哪說」，讓你文案出彩

觀察一個唯品會的廣告，一眼看過去似乎只是一個普通的公交站台廣告，但是你仔細研究之後就會發現，這個廣告內容跟投放地點結合得非常妙。這是幾年前唯品會剛推出市場時做的一組廣告。

當時唯品會的定位是一家專門做特賣的網站，網站主打專櫃正品，但是價格卻更低，主要競爭對手是線下商場。文案內容說

的是同樣一雙鞋中心區商場專櫃價格是1149元，而在唯品會的特賣會卻可以很便宜。旁邊廣告補充：「與其被別人宰，不如宰唯品會。一場史無前例特賣會，500大牌，折後瘋狂滿減」，廣告牌上均有二維碼引導大家掃碼進入。

　　這個文案目標也很明確，就是想告訴你唯品會的商品比商場便宜，更妙的是這個廣告直接投放在廣州天河城商場門口。你可以想像一下，當用戶正準備去天河城購物或者購物出來時，看到這個文案，心裡是不是會盤算一下，自己要去買的東西是不是買貴了，既然同樣的商品有更便宜的，為何不去瞭解一下呢？文案內容和環境互相結合能進一步說明唯品會的價格優勢。

　　要讓你的廣告文案做得妙，首先需要確認你要表達的賣點，找到投放管道的特點，然後結合起來。就像上面的唯品會的廣告，表達核心點就是同樣的商品，唯品會價格更低。投放管道選在商場門口，不僅體現了自身對價格優勢的自信，用戶也抓得很精準。

　　唯品會結合投放場景還做了不少有意思的文案。如去年12.8週年慶活動，邀請了周杰倫和昆凌做代言人，要表達的核心就是借用代言人之間的親密關係，告知大家週年慶訊息。

　　在廣告內容上也有意識結合了他們之間的夫妻關係以及投放管道（一組分屏廣告）。如這幾個廣告單獨看都比較普通，但當你在兩個相鄰的公交站台同時看到時，就會覺得他們之間的對話非常巧妙。通過這組廣告，你知道了周杰倫和昆凌都是唯品會的代言人，在他們的對話中感受到這是一個唯品會大力促銷的活動，通過巨大的「唯品會12.8週年慶」還知道了活動訊息。

　　很多具有創意的廣告都會借用管道特點來體現廣告要傳達的
賣點。網絡上搜索「創意廣告」能夠看到很多結合賣點和投放管
道的優秀文案。當然並不是所有管道都能做到有創意的表達，但
每次投放廣告時都要多問自己一句：「在這個地方，我有沒有可
能結合自己要說的賣點和管道特點做一個文案？」記得之前有個
小夥伴給我分享過一個廣告，一個整形廣告投放在高鐵站的出口
處，廣告文案是「美在微妙處」。如果結合這個管道的特點，乘
客都 從站台出來往下走，文案修改成「人生在提速，顏值卻在走
下坡路？」這樣是不是更妙呢？

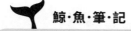 鯨·魚·筆·記

運用好廣告投放管道，讓文案妙起來。

追求文案「妙」固然好，但是「妙」的前提是先把訊息傳達準確。

（1）目標族群在哪就在哪放廣告，讓廣告投放更精準有效。

（2）充分考慮用戶與廣告的真實接觸情況。

（3）巧妙運用「在哪說」的，讓你文案出彩。

別焦慮,你可以
文案新手向文案高手進階的3個成長建議

做文案,到底賺不賺錢?

我看到不少人從文案職業轉型去做其他行業的人,他們說做文案太苦了——事多錢少;也看到不少財務、前臺、技術類人才(如船長、晶片工程師之類的)轉型去做文案,他們說文案創作的這份工作很帶勁,容易讓人有成就感。有人還說薪水比之前漲了不少,月薪1萬~3萬元,業餘時間多做點還可能月入10萬元。

做文案到底賺不賺錢呢?關鍵還是在個人。我也相信所有行業都這樣,用對方法就能走得遠走得快,在這個過程中,收穫的不僅僅是金錢。拿我自己來說,僅僅是這兩年,一切都超乎想像:

我之前已經出過一本書《新媒體文案創作與傳播》,這本書被雙一流大學及多家高校選為文案教材,市場上也很暢銷,出版編輯告訴我,僅僅是版稅我就賺了7萬元。

想做的文案課更新了6次(正在做第7次更新),並被自己認可的平臺邀請去開課,線上線下學員覆蓋30000人以上,目前課程口碑也非常高,有一批文案新手學員已經通過課程學習,他們的文案創作都發生了質的改變。

成為自由文案講師。這是我十年前的小夢想,沒想到現在真的實現了!

如果一開始單純以賺錢為目的,未必能夠走到這一步,接下來我想用我自身的經歷給你幾個成長建議,相信不管你從事什麼職業,都一定會有所啟發。

去做！如果你足夠喜歡

我是一個標準的小鎮青年，去我們縣城安安分分做個中學語文老師似乎是最佳選擇。可我不喜歡這種一眼就看到頭的職業。

大學圖書館看到的廣告年鑑雜誌是我心裡的一個火種，促使我想去一個溫暖的城市點燃它。

繼父聽說我要南下，坐在有點掉漆的深紅色老式木沙發上，憤怒地說：「人生還有什麼盼頭，在家乖乖做個老師。」

我那時什麼話也沒說，趁他罵夠了出去買包煙的間隙，我拖著行李箱，一個人買了一張火車站票，毅然決然地南下了。這是我人生中第一次違背家人的意願，在這之前我極度聽話、文靜而內向。

如果你心裡有一件超想完成的事，你就會變得不一樣，那時我只知道我喜歡那些有意思的廣告。我也不想讓我的人生就像一個緩慢行駛的火車，一開始就能看完了整個風景，那活著還有什麼意思？

我不信自己覺得有意思的事，拚盡全力去做還能做不好？

因此如果你內心一直有做某件事的欲望，去做吧！這很可能就是你的使命。不做，怎麼知道自己不行呢？旁人阻擾如真能成為你的障礙，只能說明你對這件事還不夠熱愛。

當然，這中間我也吃了不少苦頭，做文案沒有自己想像的那邊輕鬆，作文好不等於文案好，懷疑人生、懷疑自己的日子也經常會有，不過，我在這個過程中也開始逐漸明白自己想要怎樣的生活。

2008年初的下午，我在格子間裡看《週末畫報》，一個內容吸引了我：臺灣文案女王李欣頻的訪談。她生活自由，時間多半用來旅行、看書、看電影、寫文案，與此同時，還能靠文案賺錢養活自己，甚至旅行又成為出書的素材。

這讓我心動不已：這種生活，我也想要啊！

不過那會我月薪3000元，房租1500元，不僅是月光族，還在試用期掙扎，而且總會被領導批評。各種文案創作者新人犯的錯，我基本都犯過。

小鎮青年的理想，在火候不到時，只能像個種子一樣埋在心裡。

這個種子要發芽，要生長，都需要相應的條件。當你已經明確了自己想要的生活時，卻很難實現的時候，怎麼辦呢？

去沉澱，盡全力去學、去做

那時候，我也只能努力奔跑：去學習、去實踐甚至去試錯。

我不能停下來，一個隻身在深圳打拼的姑娘，除了自己滿身力氣，沒有更多可依靠的。努力去嘗試一切能給自己加分的東西，無論好壞，都是經驗。

我把手上的每個工作內容都盡力研究明白，甚至連續通宵7天趕進度，最後體力不支直接暈倒在領導面前。

我免費給別人寫文案，只要有機會寫，必定全力以赴。

我學習如何看書、如何主題閱讀、如何將書本知識輸出。

我去各種行銷文案課學習，到目前為止，學費加起來也花費了20多萬，我幾乎上過了市場所有的行銷文案課。

但是每次掌握一個新的行銷文案相關知識點，我都會感到很滿足，我會結合實際去運用這些新知識，逐步也有了一些成功案例，比如：

通過文案，給一個服裝品牌帶來了80%的客戶；

給一個天貓店商品進行文案優化，讓單品多賺23萬元；

通過一篇文案，幫企業多賣了30萬元的貨；

給一個企業寫了一份滿意的方案，對方酬勞達到了10萬元；

通過不斷地創新，做了多個10W以上互動案例；

在這個過程中，也不斷有老客戶介紹新客戶給我。

有不少人會問我：「小魚，我也會寫文案啊，為什麼我接不到你那麼多訂單？也沒你那麼好運？」其實在工作的前幾年，我基本都在免費給別人提供服務，凡是有需求，只要我有時間都會毫不猶豫地接，而且不計報酬。因為那時我想要的是多一份鍛鍊，多一份經驗。

目前我的客戶大部分是同事、前同事介紹的，他們之所以會介紹我，也是因為在平時工作中看到了我的努力，也相信我能做好。所以，如果你是文案新人，我建議你不要著急想著多賺錢，而是盡力先把自己的本職工作做到最好。

我的好朋友楊小米說過一句話：永遠做到當下能做到的最好。這真是非常樸實的真理。當你用心去做一件事，機會大門就會逐步為你打開。當然，如果你毫無章法地學習和積累，效果未必會好。做為文案創作者，我們也應該有目的地學習積累。我把一個文案創作者必須掌握的能力劃分為這麼幾項：基本的學習能力、運用文字的能力、行銷能力、洞察人性的能力、創意能力、審美能力。你可以通過三種方式來提升這幾項能力：看書、上課、請教。

看書：這是最便宜的學習方式，也是最系統的學習方式。最好是主題式閱讀，根據我們需要掌握的這幾項能力，制定主題書單，然後逐一閱讀。（在我的公眾號回覆「書單」能查看到我為你定制的主題書單目錄）當然，書讀完未必就能掌握，所以讀完書，也一定要做知識輸出，你可以嘗試寫思維導圖或者寫讀書筆記，或者把書裡的內容講給別人聽。（關於如何更好地讀書，也可以看看彭小

六的《洋蔥閱讀法》）

上課：這是最快速的學習方式。我常常因為上了幾天的課並且跟隨練習，經過老師的反饋，能力能在短時間內快速提升。而且跟優秀的老師接觸，自己的眼界也會開闊很多。

請教：向相關領域優秀的人請教。現在網路這麼發達，你可以通過類似於「在行」這樣的平臺，付費約見不同領域的專家，行家指路，能讓你少走不少彎路。畢竟不同的專業領域中，行家經驗都非常豐富，不過，我建議你約見之前，可以好好地梳理一下自己的問題，這樣約見才會有成效。當然，如果你身邊有優秀的人，可以直接觀察他們處理相應的事情，向他們請教也會學到很多。

積累是一個長期的過程，有很多小夥伴在上班前幾年一直很介意自己的薪水沒多少，計算著自己每月能存多少錢，實際上，在工作的前幾年把錢都花在提升自己的能力上，拉長時間線來看，你的收益遠遠比那些努力存錢的人強。我曾經去一家公司入職，看到一個工作了十幾年的人，還在做最基礎的工作，拿最基礎的薪水，當時就特別害怕，你說十幾年的時間，如果花在能力提升上，怎麼可能還會這樣？不要讓時間只積累了年齡，時間最該積累的是能力！

找到自己的能力目標，通過看書、上課、請教，再抓住一切可以讓你實踐的機會，獲得更多寶貴的經驗，你的成長會更加快速。

去連接，靠近屬你的光源

「10多歲比智力，20多歲比體力，30多歲拚專業，40多歲拚人脈。」這句話想必好多人都聽過，通過前面的積累、實踐，我相信你會擁有足夠的專業能力，你也應該有意識地為別人提供價值，放大自己的能量。

有人會說「酒香不怕巷子深」，但是你不說、不展示，無法讓更多的人知道你的能量，那你在這個訊息化的時代會很難生存。

我通過微信結識了很多優秀的行業精英，也通過他們獲得了不少機會。鏈接了秋葉大叔，獲得了寫第一本書的機會，也懂得了如何做好一門課；鏈接了采銅老師，在寫書過程中獲得了他不少指點；鏈接了王鵬程老師，在企業內訓上，他同樣刷新我對課程的認識。因為這些人，我獲得了更多機會，也獲得了更多成長。

你一定會問，如何去鏈接呢？在這裡，我們是不是也可以運用一下本書中的思路「說什麼—對誰說—在哪說—怎麼說」？先問問你的目標，你需要鏈接哪方面的資源？然後找到相應的人，找到他們所在的地方，去靠近他們，再考慮你有什麼能力，能夠為對方提供什麼？

做為文案新人，我想你需要的是更多的鍛鍊機會，甚至更多的業務來源，那就去靠近那些有需要的人吧。為了方便你的鏈接，我也為你提供了一個機會，不信？你找到我為你準備的彩蛋就明白了。

如果你足夠喜歡一件事，去做吧！盡全力去做，全世界真的會為你讓路。

如果你暫時達不到目標，去沉澱！有方法地學習、實踐和積累，會讓你少走很多彎路。

如果你無法放大自己價值，去展示、去鏈接。

「所有的迷茫，都來自於你不確定美好的前方，而解決迷茫的唯一辦法，就是腳踏實地努力讓自己發光」，希望未來，我們能一起發光！

國家圖書館出版品預行編目資料

文案變現：4個黃金步驟，立刻寫出讓人忍不住掏錢包的超有效文案！／葉小魚 著 -- 初版. -- 臺北市：平安文化, 2019.9 面 ;公分. -- (平安叢書；第639種)(邁向成功；78)

ISBN 978-957-9314-36-7 (平裝)

1.廣告文案 2.廣告寫作

497.5   108013835

平安叢書第0639種

邁向成功 78

文案變現

4個黃金步驟，
立刻寫出讓人忍不住掏錢包的超有效文案！

作　　者—葉小魚
發 行 人—平雲
出版發行—平安文化有限公司
　　　　　台北市敦化北路120巷50號
　　　　　電話◎02-27168888
　　　　　郵撥帳號◎18420815號
　　　　　皇冠出版社(香港)有限公司
　　　　　香港上環文咸東街50號寶恒商業中心
　　　　　23樓2301-3室
　　　　　電話◎2529-1778　傳真◎2527-0904
總 編 輯—龔橞甄
責任編輯—平　靜
美術設計—王瓊瑤
著作完成日期—2018年
初版一刷日期—2019年9月

• 皇冠讀樂網：www.crown.com.tw
• 皇冠 Facebook：www.facebook.com/crownbook
• 皇冠 Instagram：www.instagram.com/crownbook1954
• 小王子的編輯夢：crownbook.pixnet.net/blog